数(すう)の「発見」の物語

Miyazaki Hiroyasu
宮﨑 弘安

ジュニスタ Iwanami Junior Start Books

岩波書店

この本の内容

◆ この本では「数」を「すう」と読みます。

◆ 1、2、3、… と数をかぞえることから始まって、0、負の数、分数、無理数といったさまざまな「数」を、人がどのように発見してきたか、その歴史をたどっていきます。

◆ この本では、定義を「私とあなたの間の約束」として説明します。一度決めた「約束」は守らなければなりませんが、最初にどんな約束をするかは自由です。

◆「(−1)×(−1) の答えはどうして 1 になるのか」「どうして素数は無限にあるのか」などを説明するのに、数学の証明を使っています。でも決して難しくないので、ぜひ読み進めて、考え方の手順を知ってください。

◆ 数の世界は一つに定まったものではなく、長い時間をかけてどんどん広がってきました。いまも広がりつづけています。その自由な魅力を感じてもらえたらと思います。

目　次

この本の内容

1. 羊とリンゴと夜空の星々 …………………… 1
2. 「なんにもない」が「ある」 ………………… 13
3. 「まえ」があれば「うしろ」もある ………… 30
4. 数(すう)の世界の組み立てブロック ………………… 49
5. 図形(カタチ)の中に隠(かく)れた数(すう) ………………… 79
6. おわりに ── 数学が手にした自由 ………… 111

本書に登場する数学者たち ………………………… 119
読書案内 ……………………………………………… 121

イラスト　芦野公平

羊とリンゴと夜空の星々

🍎 「数（すう）」ってなんだろう

みなさんは、フトンの中で眠れないとき、どうしますか？
私は、頭の中で羊をかぞえるのが好きです。

    羊が1匹、羊が2匹、羊が3匹、…

でも、毎日のことなので、羊に飽きてしまうこともあります。
そんなときは、リンゴをかぞえます。

  リンゴが1個、リンゴが2個、リンゴが3個、…

夜空に浮かぶ星を思い浮かべて、かぞえることもあります。

    星が1つ、星が2つ、星が3つ、…

ところで、お風呂につかって数をかぞえるときは、

1、2、3、…

と、かぞえたりしますよね。このときは頭の中に何も思い浮かべずに、ただ「数」だけをかぞえているわけです。

そもそも「数」ってなんなのでしょうか。1匹の羊は、動物園で見ることができます。2個のリンゴも、スーパーマーケットに行けば、手にとって確かめられます。3つの星も、晴れた日に夜空を見上げてみれば、やっぱり目に見えるでしょう。

でも「1、2、3」という数は、どこにあるのでしょうか。え？　たったいま、この本のページに書いてあるじゃないかって？　たしかに「1、2、3」という数字は、書くこともできますし、書いたものを目で見ることもできますね。

ただ、数字は、数とおなじものではないかもしれません。羊、リンゴ、星という「文字」は、実際の羊や、リンゴや、星そのものではありませんよね（「リンゴ」という文字は食べられません！）。

おなじように、

1　2　3

という「数字」（数字も文字です）は数そのものではないのです。

小学校の算数や、中学校の数学では、こんなことはあまり考えないかもしれません。じつは、昔の人たちは、

数ってなんだろう？

という問題に、とても頭を悩ませていました。いまは、昔の人のこの「ハテナ」の答えが、だいぶわかるようになりました。わかるようになってしまったので、わざわざこういう問題を考えたり、教えたりすることがなくなってしまいました。

　算数や数学がよくわからなくて、嫌いになってしまう人が、世界中にたくさんいます。小学校では「分数」、中学校では「負の数」というものを習いますが、この2つの「数」に悩まされた（悩まされている？）という人も多いでしょう。

　じつは、学校の勉強で習ういろいろな「数」たちは、昔のとても頭のいい学者さんたちが、**頭を悩ませながら「発見」してきた**ものなのです。発見されたばかりの頃は、偉い数学者でも「そんなものは数ではないから、使ってはいけない！」といって認めなかったりしていたのです。もちろん「認めたっていいじゃないか」と考えている人たちもいたので、時には、認める派、認めない派の間で、大きな争いになったりもしました。驚きですよね。第5章では、そのような争いの中でも特に有

1.　羊とリンゴと夜空の星々

名で、しかも大切な「ルート2の事件」についてお話ししたいと思います。

このように、私たち人類はいろいろな「数」を少しずつ発見し、一歩一歩、とても長い時間をかけて、理解を深めてきました。それなのに、学校では短い授業の時間で、「数」について教わります。昔の人たちがどんな苦労をしてきたのかは、ふつうは詳しく教わりません。

この本では、昔の人たちが苦労して「数」を発見してきた「物語」をふりかえりながら「数とは何か」ということを考えていきます。

🍎 自然数と定義

この章では1、2、3、…という数について考えます。このような数を自然数といいます。ものをかぞえるときに自然にでてくる数だからです。

もちろん、この後にも4、5、6、7、8、9、10、11、…とどこまでも続いていきます。この数の列には終わりがありません。なぜなら、どんなに大きな自然数を考えても、そこに1を足せば、それより大きい自然数になるからです。そういうわけで、自然数の個数には限りが無いことがわかります。つまり、

自然数は**無限**にあるのです。1、2、3の後の「…」という点々は、この後にも自然数がどこまでも続いていくことをあらわしています。

ところで「自然数」という名前が絶対というわけではありません。かぞえるときに使う数だから「かぞえ数」と呼んでもよいですし、1つずつ規則正しく並んでいる数だから「ならび数」と呼んでもよいです。数学では、わかりやすければ、名前はなんでも勝手に決めてかまいません。

ただし、他の人と話をするときには「この言葉はこういう意味で使いますよ」というふうに、あらかじめ決めておかないと混乱してしまいます。ですから、この本では1、2、3、…という数を自然数と呼ぶ、と私とあなたの間で約束しましょう。こういう「言葉の意味や使い方の約束」のことを、数学では**定義**といいます。数学では、言葉の意味を正確に使う必要があるので、定義をとても大切にしています。この本でも、何度か言葉の定義が出てきますので、そのときにはその言葉を色つきの**太字**で書くことにします。色つきの**太字**が出てきたら、その言葉と意味を、少し注意して読んでください。

1.　羊とリンゴと夜空の星々

🍎 数の発見

　さて、この本のタイトルは『数の「発見」の物語』ですが、そもそも、数を見つけるって、どういうことなのでしょうか。

　それ以前に、数って、いったいなんなのでしょう？　先ほども考えた通り、1匹の羊や、2個のリンゴ、3つの星は、目で見ることができます。でも、1、2、3という数そのものは「はい、これが1だよ」というふうに、誰かに見せたりすることができません。たぶん、数そのものを見たり、触ったり、食べたりした人はいないのです。

　では、数はいったいどこにあるのでしょうか。これについてはいろいろな考え方がありますが、少なくとも私たちの頭の中には、数はありそうです（だって、あなたも私も、1、2、3という数のことは、見たことがないのに、知っていますからね）。誰もが数のことを知っているのに、誰も見たことがないとすると、ひょっとすると私たちの頭の中にしか、数はないのかもしれません。もしそうだとすると、数を「発見する」というのは、私たちが数を「考え出す」ということに近いかもしれません。

　では、私たちヒトが1、2、3、…という自然数を「発見」したのは、いつなのでしょうか。きっとはるか昔のことなので、

イシャンゴの骨（長さ約10 cm）

確かなことはわかりませんが、遅くとも2万年ほど前には、私たちは数を見つけ出しているようです。

　上の図を見てください。これはアフリカ・コンゴで見つかったヒヒの骨です（「イシャンゴの骨」と呼ばれています）。骨の表面には規則的な刻み目がつけられています。一説では、2万年ほど前のヒトが、何かをかぞえるために使っていたと考えられています。

　いったい、どういうふうに使っていたのでしょうか。私たちは、ものの個数をかぞえるときに両手の指を折ってかぞえたりすることがありますね。1つかぞえたら、親指を折って、2つかぞえたら人差し指を折って……というように。しかし、とてもたくさんのものをかぞえようとしたら、手の指ではとても足りなくなります。

　そういうときは、ものを1つかぞえるたびに、何かにしるしをつけていくと便利です。イシャンゴの骨についているいくつもの線は、何かをかぞえるときにつけられたしるしだと考え

られているのです。

　このように、何かを「かぞえる」ということは**「いくつあるか知りたいもの」のひとつひとつを、「しるし」のひとつひとつに置き換えていくことだ**と言えます。

　しるしは、ヒヒの骨に刻んだ線でなくても全くかまいません。羊を1匹かぞえるたびに、小石を置いていくのでもよいのです。この場合は、かぞえたいもの（羊）のひとつひとつを、小石のひとつひとつに置き換えているわけです。もう少し別の言い方をすると、羊と小石という**本来は全然違うものを、同じものだと思っている**わけですね。「いくつあるか」という情報は、羊を小石に取り換えても、全く変わらないからです。

　つまり、次のようにもまとめられるでしょう。

「かぞえる」＝「異なるものの間に対応を作る」

　羊を小石に対応させたり、リンゴをヒヒの骨に刻んだしるしに対応させたりすることが「かぞえる」ということの正体なのでした。じつはこんなふうに「違うものの間に対応を作って、同じとみなす」という考え方は、数学の得意技です。

　いまでも数の秘密を明らかにするために、日夜働いている人たちがいます。それが**数学者**です。とても尊敬されているフラ

ンスの昔の数学者に**アンリ・ポアンカレ**(1854-1912)という人がいます。ポアンカレさんは、こんな言葉を残しています。

　　数学とは、異なるものを同じとみなす芸術である。

　つまり、かぞえることができる私たちヒトは、みんな、数学者なのですね。

　「かぞえる」というと簡単なようですが、その背後には「目の前の1つの小石と、はるかかなたの宇宙に漂う1つの巨大な星の間に対応をつけて、同じものだと思うことができる」という、私たち人類のとてつもない能力がひそんでいるのです。

　それで、結局、自然数とはなんなのでしょうか？　ひとつの答えは、次のようになるでしょう。

　「1」とは、1匹の羊、1個のリンゴ、1つの星、…を全て同じとみなしたもの。
　「2」とは、2匹の羊、2個のリンゴ、2つの星、…を全て同じとみなしたもの。
　「3」とは、3匹の羊、3個のリンゴ、3つの星、…を全て同じとみなしたもの。
　「4」とは、……

1匹の羊、1個のリンゴ、1つの星は、確かにそこにあります。こうして確かに存在する「1つの〇〇」というものたちを、**全て同じものだと考えたときにあらわれる**のが「1」という数だ、と考えることができます。2、3、4、5、… という数も同じように考えることができるでしょう。

　言い換えると、リンゴや羊のような具体的なものの集まりから「いくつあるか」という情報だけに注目して、他の情報（赤いとか、毛が生えているとか）は全部忘れてしまったときに「自然数」というものが残るのです。このように、異なっていることがらの間に「共通する情報」だけを抜き出すことを「抽象化」といいます。この言葉を使えば、次のようにまとめられるでしょう。

自然数 ＝「個数」を抽象化したもの

🍎 数と数字の違い

　この章の最後に、1、2、3、4、5、… という「数字」についても触れておきましょう。自然数という数そのものは、いろいろな具体的な「ものの個数」を抽象化してできています。つまり、結局のところ、数は私たちの頭の中にしかありません。

とはいえ、私たちが数について考えるためには、何らかの「形」がないと不便です。**「数字」とは、数を、私たちが扱いやすい形で表現したもの**といえます。たとえば、イシャンゴの骨に刻まれているしるしも、広い意味では「数字」の一種と思うことができます。ただ、しるしを並べていく方法だと、数が大きくなればなるほど、どんどんしるしの列が長くなっていってしまうので、とても不便です。

そこで、現代の私たちは、ひとつのものに対応する数は1、ふたつのものに対応する数は2、というふうに、簡単な記号を割り当てて数を表現しています。じつは、昔は世界の各地でいろいろな数字が考えられていましたが、1、2、3、… という数字(アラビア数字)は特に便利なので、世界中で使われています。

これがどうしてそんなに便利なのか、ということは、次の章でお話しすることにします。

🍎 この本の読み方

この本は、学校の「教科書」とは、ぜんぜん違います。この本のタイトルは『数の「発見」の物語』です。「物語」なので、気楽に読んでもらえれば良いのです。もし途中でよくわからな

いところがあっても「ふーん」という感じで、読み飛ばしてしまって大丈夫(だいじょうぶ)です。

　学校の教科書では、前のところがわからないと、その後が何もわからなくなってしまいがちです。でも、この本は、好きな章から読み始めることができます。（ただし、前から順番に読んだ方が「物語」として面白くなるようになっています。）途中で説明されている算数や、数学の説明がわからなくなっても、物語の「流れ」だけはわかるようにしてあるので、まずはそれを楽しんでください！

　読み終わった後、また読み返してみるのもおすすめです。このときも「今度こそ理解してやろう！」と思わずに、気楽に読むようにしてください。そうして、何度も読み返しているうちに、いつのまにか「数(すう)」と友達になっていることでしょう！

2. 「なんにもない」が「ある」

🍎 0をさがして

前の章では1、2、3、… という「自然数」についてお話ししました。

この章の主役は「0」です。読み方は「ゼロ」です。日本語では零とも書きますね。

私たちの身の回りには「0」という数がたくさん使われています。たとえば、お菓子がひとつも残っていないことは「お菓子は0個」(悲しい)といえますし、集まりに誰も来ないことは「参加者は0人」(寂しい)といえます。天気予報をみると「降水確率0%」(つまり明日はお天気!)のように使われています。

こんなふうに「0」はいろいろなところで、当たり前のように使われています。では、私たちが0を「発見」したのはいつ頃なのでしょうか?

前の章でも紹介した通り、1、2、3、… という自然数を私たちが見つけたのは、記録にも残っていないほど昔(おそらく数万年以上前)のことです。一方で、私たちが0という数を見つけたのは、**たったの数千年前**のことです。もちろん、数千年前だって、私たちからみれば大昔のことです。しかし、数万年以上前に自然数を見つけた後、私たちが0を見つけるまでに、なぜそれだけ長い時間を必要としたのでしょうか？

　理由はいろいろ考えられますが、その中でも大きな原因は、1、2、3、… という自然数と違って、**0は「目の前にあるもの」と結びつきづらい**せいかもしれません。

　前の章で、自然数は「個数を抽象化したもの」と説明しました。自然数は、1匹の羊、2個のリンゴ、3つの星といった具体的なものから生まれてきているので、感覚的にも、とても納得しやすい数です。

　一方、0はどうでしょうか。0匹の羊、0個のリンゴ、0個の星、と言葉で書くことはできますが、これらを実際に、目の前に見せて示すことはできません。「ほら、これが0個のリンゴだよ」と言われても、そこには何もないわけですからね。

　数とは「個数を抽象化したもの」だという考え方にこだわりすぎると、「0」という数を理解することが難しくなってしま

いそうなのは、いまの私たちにも想像できそうです。

🍎 0との出会い

では、0はどのように私たちの前にあらわれたのでしょう。突然ですが、1、2、3、…と数をかぞえてみてください。

1、2、3、4、5、6、7、8、9、10

これをじっとみていると、あることに気づかないでしょうか。そう、「10」という数字には0という数字が使われているのです！ 1から9までは別々の数字が使われていますが、その次の **10は、1と0の組み合わせであらわされています**。このような数のあらわし方を **位取り法**(位取り記数法)と言います。位取り法についてもう少し理解するために、もっと先まで数をかぞえてみましょう。

11、12、13、14、15、16、17、18、19、20

こんどは、2と0を組み合わせた「20」という数字があらわれました。もっと続けてみましょう。

21、22、23、24、25、26、27、28、29、30

このように、10 だけ進むたびに右に 0 があらわれ、左側の数(すう)が大きくなっていきます。
　この調子でかぞえていくと、40、50、60、70、80、90 と数(すう)が大きくなっていきます。さらに続けるとこうなります。

　　　91、92、93、94、95、96、97、98、99、100

　今度は 1 の後に 0 が 2 つ続く数字があらわれました。これは 100 をあらわす数字です。99 までは 2 つの数字の組み合わせであらわすことができますが、100 から先は 3 つの数字を組み合わせる必要があるのです。
　同じように、999 までは 3 つの数字の組み合わせであらわせますが、1000 から先は 4 つの数字が必要です。
　このように、数(すう)が大きくなるごとに 0 を右端(みぎはし)に追加していくという方法を使うと、どんなに大きい自然数も 1 から 9 までの数字と 0 の組み合わせであらわすことができます。たったこれだけの文字を使うだけで全ての自然数をあらわせるなんて、よく考えるとすごいことですよね！

🍎 0 がない時代の数(すう)のあらわし方

　位取り記数法はとても便利なので、いまでは世界中で使われ

ています。しかし、昔は全く別の方法で数をあらわしていたこともありました。

たとえば、古代ローマでは、次のような数のあらわし方（つまり、数字）が使われていました。これはローマ数字と呼ばれています。いまでも時々、アナログ式の時計の文字盤などに使われているので、見たことがあるかもしれませんね。

I、II、III、IV、V、VI、VII、VIII、IX、X

これは、左から順に、1から10までの数に対応しています。注目してもらいたいのは、最後の10に対応するXという数字です。**これは、それまでの数字の組み合わせとしては書かれていません**。じつは、100に対応するローマ数字はCですし、1000に対応するローマ数字はMです。このように、ローマ数字は、数が大きくなるにしたがって、**どんどん新しい数字（文字）を追加していく**という方法をとっています。

ローマ数字は、見た目がおしゃれなので個人的には好きなのですが、大きな数字を扱う場合にはとても不便です。たくさんの種類の数字を覚えておかなければならないですし、ローマ数字の知識がない人には、その数字がどれくらい大きい数をあらわしているのか、全く見当がつきません（X、C、Mのどれが

2.「なんにもない」が「ある」

大きいか、と言われても、知らなければ何もわからないですよね)。
　しかし、位取り法を使えばこのような不便なことは起こりません。ローマ数字のX、C、Mの代わりに、私たちは10、100、1000というふうに数をあらわします。
　位取り法のメリットは、大きく分けて2つあります。

① 数が大きくなっても、文字の種類は0〜9だけ
② 数の大きさが一目でわかりやすい

　1、2、3、4、5、6、7、8、9と増やしていくときには数の種類が増えていきますが、その次の数は、10という数字の組み合わせであらわすことができます。さらに大きくしていくと11、12、13、14、15、16、17、18、19と1桁目の数だけが最初と同じように変わっていき、その次の数は、2桁目の数を1つ増やして20となります。こんなふうに、位取りの方法を使うと、同じ数字を何度も使い回しながら、どんな自然数でもあらわすことができるわけです。それに、桁が増えていくにしたがって、数がどんどん大きくなるのが見た目でわかりやすいのも、位取り法の大きなメリットです。

算木のスキマと0

ここまでみてきたように、位取り法であらわれる「0」という文字は、数字というよりも、1〜9 という限られた数字を組み合わせて全ての数をあらわすための補助的な文字としての役割を持っています。ここでは、この文字がどんなふうに歴史の中であらわれてきたのかを見てみましょう。

位取り法が初めて考えだされたのは紀元前の古代中国とされています。古代中国では、筆算ではなく、木の棒を使う「算木」(次ページの図)という方法で計算していました(いまのソロバンに似ていますが、算木の方が複雑な問題を解くことができました)。いまでいう「0」は、算木では「棒が置かれていない」ことに対応します。

そのうち、実際に棒を使うのではなく、紙の上に文字や記号を書いて計算するようになりました。棒が置かれていないということは、紙の上に何も書かない(空白にしておく)ことで表現していたようです。

つまり、たとえば 101 という数は

$$1 \quad 1$$

2.「なんにもない」が「ある」

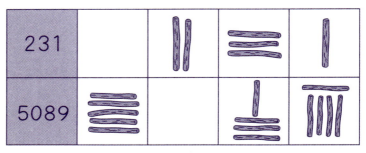

算木

のように、1と1の間にスキマをあけることであらわしていたわけです（古代中国では、1は別の文字であらわされていましたが、わかりやすさのため、アラビア数字で書いています）。

しかし、たとえば1001という数はどうなるでしょう？　0が2つあるので、少しスキマを広げて

　　　　　　　　　　1　　1

のように書くしかありません。でも、この2つを見分けるには、とても注意が必要ですよね。しかも、101と1001は大きさが全く違う数なので、もし間違えてしまったら大変です（お菓子屋さんがお菓子を仕入れようと思って、101個と注文用紙に書いたのに、間違えて1001個だと思われてしまったらどうなるか、想像してみてください！）。

このように、スキマをあけておくという方法にも大きな問題があったので、**スキマがあることをあらわす「○」という記号**を書くようになりました。これはまさに、現在の0に相当する文字にほかなりません。

　このように、**位取り法で数(すう)を便利にあらわしたいという実用的な理由から、人々は「0」を作り出した**のです。

　しかし、この段階ではまだまだ「0」はただの記号（文字）として扱われていただけで、1、2、3、… のような自然数と同じような「数(すう)」としては認められていませんでした。

🍎 ブラフマグプタの発見

　ただの記号ではなく、計算に使える**数(すう)としての「0」**は、古代インドで初めて発見されたと考えられています。数千年前ではなく、たったの1400年ほど前のできごとです。

　7世紀のはじめ頃(ごろ)に、**ブラフマグプタ**（598-660頃）という数学者が『ブラーマ・スプタ・シッダーンタ』という本を書きました。題名は「正確な理論書」という意味で、数学や天文学などについてのさまざまな理論が書かれています（ブラフマグプタさんは数学者であるだけでなく、天文学者でもあったのです。昔は、いろいろな学問を同時に研究するのが、いたって普(ふ)

通^{つう}のことでした。学者がいろいろな専門に分かれて研究するようになったのは、長い歴史から見れば、かなり最近のことです)。

この本の中で、ブラフマグプタさんは「0」がとても大切な数^{すう}の仲間だということを、とても明確に説明しました。これは数学の歴史において、革命ともいえる大事件だったのです。

では、ブラフマグプタさんはどのように「0」を扱ったのでしょうか。キーワードは四則演算^{しそくえんざん}です。

四則演算というと難しそうですが、小学校でも出てくる「＋、－、×、÷」の4つの計算方法のことです。たとえば、こんなものです。

　　6＋2＝8　　6－2＝4　　6×2＝12　　6÷2＝3

数学では「いくつかの数^{すう}に対応して、ある数^{すう}が決まる」という計算の決まり(規則)のことを演算^{えんざん}といいます(なんだか、かたくるしいですね)。演算の中でも特に大切な4つの演算が「＋、－、×、÷」なので、まとめて四則演算と呼びます。ブラフマグプタさんは、0についても、便利な四則演算を定義^{ていぎ}できることを説明しています。つまり、みなさんが小学校で習った、こんな計算です。

$$3+0=3 \quad 3-0=3 \quad 3\times 0=0 \quad 0\div 3=0$$

他にも、こんな計算ができます。

$$3-3=0$$

これは「3 から 3 を引いたら何もなくなる」ということをあらわしています。0 という数がない頃は、こういう計算も自由にできなかったのです。いまの私たちは 0 という便利な数があることに慣れきってしまっていますが、昔の人にとっては、決して当たり前のことではなかったのですね。0 を見つけ出してくれた過去の人たちには、感謝してもしきれません。

数にとって、四則演算ができるというのはとても大切な性質です。ブラフマグプタさんは、四則演算に 0 を含めておくと、とても便利だということを、当時の人々に示したのでした。

この本のテーマのひとつは「数とは何か」ということです。ブラフマグプタさん(あるいは、古代インドの数学)の考えを私なりに解釈すると、次のようになるでしょう。

便利な四則演算ができるようなものは、数の仲間である。

西洋の数学者たちと 0

じつは、数学がとても発達していた古代ギリシャの学者たちや、その影響を受けた西洋を中心とする数学者たちは、中国やインドの数学の影響を受けた人々に比べて、0 という数を受け入れるのに、かなりの時間がかかりました。

その原因はいくつか考えられますが、中でも大きな原因は「古代ギリシャの数学者は「かぞえること」と数の間の関係を大切にしすぎていた」ことだったと言われています。「確かに便利かもしれないけど、0 なんて数、本当にあるのかなあ？なんとなく、あやしげな感じがする。そんなものを使って大丈夫なのかなあ？」……当時の数学者はこんなふうに考えていたのかもしれません。

第 1 章で説明した通り、1、2、3、… という自然数は、1 匹の羊、2 個のリンゴ、3 つの星、… といった「かぞえられる具体的なもの」から生まれてきたと考えることができます。ギリシャの数学ではこの考え方がとても重視されていたのです。一方、**「かぞえる」という考え方からすると、0 は「何もない」**＝「無」という状態をあらわしているにすぎません。ギリシャの人たちは**「無」というものは存在しない**と考えていたので、0

という数を受け入れるのが難しかったと言われています。

一方で、インドや中国では「無」の考え方は自然に受け入れられていました。インドを発祥とするヒンドゥー教や仏教には「無」や「空」などの考え方・哲学がたくさんあらわれます。こうしたことが、インドで0がすんなりと受け入れられた理由のひとつかもしれません。

学校で数学を学んでいると「数学の理論というのはたったひとつに決まっていて、そのルールを勉強するものなんだ」という気分になりがちです。しかし、実際には、昔の人たちは数や数学についてさまざまな考え方を持っていました。それは、理論的なものというよりも、その地域の**文化・宗教・哲学などと強く結びついていた**のです(いまでも、ある程度はそうかもしれません)。

🍎 はじまりは0

では、0という数は、具体的な何かに対応させることができないのでしょうか？ じつは、決してそんなことはありません。この章のしめくくりとして「何もない」ということ以外の、0の大切な役割を紹介したいと思います。

それは**「はじまり」**や**「基準」**としての0の役割です。

2.「なんにもない」が「ある」

まず「はじまり」の方から説明しましょう。たとえば、100メートル走でゴールしたとき、もちろんあなたは、スタート地点から100メートルの位置にいます。半分だけ走ったときは、50メートルの位置。では、スタート地点で走るかまえをしているときは？　そう、0メートルの位置ですね。つまり

　　　スタート地点 ＝ 0メートルの位置

というわけです。もちろん、これまでのように「走った距離が何もない」というふうに考えることもできます。ただ、「はじまりの位置」というイメージも持っておくことが、次の章でとても大切になるので、覚えておいてください。

　次に「基準」について説明しましょう。突然ですが、棒の形をした温度計(次ページの図)を見たことはあるでしょうか？ いまはデジタル式の温度計が増えているので、あまり見かけることがないかもしれませんね。

　学校の先生にお願いすれば、実物をきっと見せてもらえるでしょう。温度計には、いろいろな温度をあらわす数字の目盛がついています。よくみると、0という数字もあるはずです。これは0度、つまり「水が凍る温度」をあらわしています。でも、どうして「水が凍る温度」が、ピッタリ0度なんでしょ

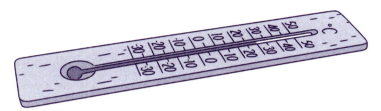

温度計

うか？

　じつは、水が0度で凍るのは、「水が凍る温度を0度としましょう」と昔の人が決めたからなのです。同じように、「水が沸騰(ふっとう)する温度を100度としましょう」と決めたから、水はちょうど100度で沸騰します(ただし、私たちの多くが暮らしている、低い土地での話です。山の上など高いところに行くと、もう少し低い温度で水は沸騰します)。

　でも、「油が凍る温度」とか「寒くて震(ふる)えちゃう温度」とかではなくて、どうして水が凍る温度を0度にしたのでしょうか。それは、そうしておくととても便利だったからです。水は誰(だれ)の身の回りにもありますし、冬になると水が凍る様子も多くの人が見たことがあるので、水が凍る＝0度という状態がみんなにとってわかりやすかったのですね。

　もちろん、油も身の回りにありますが、油は、油の種類によ

2.「なんにもない」が「ある」　27

って凍る温度が少しずつ違うので、みんなが「0度というのはこの温度のことだよね」と同意するのが難しくなってしまいます。「寒くて震えちゃう温度」も人によって全然違うので、これも「0度とはこの温度だよね」と同意するには不便です。

そういうわけで、昔の人は「水が凍る温度」をみんなが同意しやすい基準として、それを0度ということにしました。こんなふうに、0という数は何かをはかるときの基準として使われることもあります。

「はじまり」の例として挙げた「100メートル走のスタート地点」というのも、基準の一種と考えることができます。選手が走り始める地点を、みんなで最初に決めておかないと、公平な勝負になりませんからね。

🍎 数のいろいろな横顔

「ものの個数」という考え方だけにこだわってしまうと、0は「無」という漠然としたものに思えてしまいます。しかし、数にはものの個数以外にもいろいろなものをあらわせるという便利な特徴があります。

ここまでみてきたように「100メートル走のスタート地点」とか「温度をはかる基準」といった見方をすれば、0は決

してあやふやなものではなく、具体的なものをあらわしていると考えることができるのです。こんなふうに、**ひとつのものの見方だけにこだわらず、いくつもの視点から自由に考えること**が、数の世界を押し広げ、数学の発展を支えてきました。これは数学だけでなく、私たちが社会でいろいろな問題を解決していく上でも、とても大切な考え方です。

3.

「まえ」があれば「うしろ」もある

🍎 負の数ってなんだろう

　この章では、**負の数**とは何か、ということを考えていきます。

　これまでの章でお話ししてきた「自然数」や「0」は、小学校でも日常生活でもよく出会う数です。しかし、負の数には、それほどなじみがないかもしれません。

　とはいえ、負の数は、私たちの生活にかなり溶け込んでいます。たとえば、冬の寒い日には「今日の最低気温は**マイナス5度**です！　お出かけの際はしっかりと厚着をしてください」という天気予報がよくあります（ただ、暖かい地域なら、あまり見かけないかもしれませんね）。

　第2章で出てきた温度計にも、0度の下に「負の温度」が記されています。マイナス5という数は、記号ではこんなふうにあらわします。

-5

　自然数の 5 の左側に「−」という記号がついていますね。この記号は**マイナス**と読みます。英語で書けば minus です。5 に限らず、1、2、3、… という自然数の左側にマイナスをつけたものは、負の数をあらわします。

　それで、結局、負の数ってなんなのでしょうか？　正体がわからないものを記号であらわしても、なんだかモヤモヤしちゃいますね。

　負の数の正体はこの後すぐに説明しますが、その前に、数の種類が増えてきたので、**新しく名前をつけることにしましょう。**

　第 1 章で説明した通り、名前は好きにつけて良いのですが、世の中でよく使われている名前を使った方が人と話をするときに便利です。ですから、この本でも、ふつう使われている言葉を使うことにします。

　ここまでのお話では、次の 3 つの種類の数が出てきました。

① 自然数　1、2、3、…
② 0
③ 自然数にマイナスをつけたもの　−1、−2、−3、…

これらの3種類の数を、全てひっくるめて**整数**と呼ぶ、ということを、あなたと私の間で約束しましょう（第1章で少し説明した言葉の約束、つまり**定義**ですね）。上のリストの1番目の自然数は**正の整数**とも呼ばれます。3番目の −1、−2、−3、… という数は**負の整数**といいます。つまり、整数は次の3種類の数から成り立っています。

① **正の整数** = 1、2、3、…
② **0**
③ **負の整数** = −1、−2、−3、…

整数を横に一列に並べてみると、次のようになります。

　　　…、−3、−2、−1、0、1、2、3、…

　一列に並べるために、負の整数は、0の左側に書いてみました。自然数が限りなくあるのと同じように、負の数も限りなくあるので、全部を書くことはできません。そこで、自然数とは逆の方向に、右から左に並べていくことにして、書ききれない分は「…」で省略しています。
　余談ですが、英語圏などでは多くの場合、負の数をあらわす

「−」を「ネガティヴ」(negative)と読みます。後ろ向きな考えのことを英語で「negative thinking」(ネガティヴ思考)と言ったりしますが、日本では同じ意味の「マイナス思考」という言い方があります。どちらも同じ意味の言葉です。このように、日本ではマイナスとネガティヴをあまり区別せずに使っているので、負の数をあらわすときも「マイナス」と呼んでいます。この本でも日本流の読み方にしたがいます。

🍎 0引く1は？

さて、名前も書き方もわかったけれど、**負の数とはそもそもなんなのでしょうか**。たとえば −1 とはなんのでしょう？

昔の数学者は、こんなことを言いました。

0 から 1 を引いたときに出てくるのが −1 である。

3 から 1 を引けば 2 が出てきますし、2 から 1 を引けば 1 が、1 から 1 を引けば 0 が出てきます。上の数学者が言っているのは、**0 からさらに 1 を引いたときに、新しい数 −1 が出てくる**、ということなのですね。なんとなく、わかるような気もします。

第 2 章の「はじまりは 0」(25 ページ)のところで出てきた

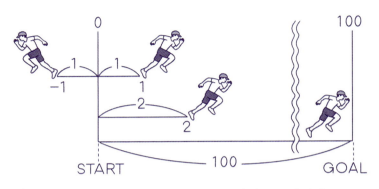

「はじまり」や「基準」としての0の役割を思い出すと、この考え方はとても理解しやすくなります。上の図のように、ゴールの方向がスタート地点から見て右側だったとします。ゴールに向かって(つまり右側に)1メートル進んだ位置に「1」、2メートル進んだ位置に「2」と番号を振っていけば、ゴール地点にはちょうど「100」という番号がつけられます。そして、スタート地点は「0」という番号をつけられるというわけなのでした。

では、もしも私が間違えて、ゴールとは逆の方向に走り出してしまったらどうなるでしょうか？　ゴールとは逆方向(つまり左側)に1メートル進んだところにも番号をつけるとしたらどうすれば良いでしょうか。先ほどと同じ「1」をつけるという手もありますが、これだとゴールの方向に進んだのか、逆方

向に進んだのかを区別することができません。全然別の文字（たとえば★とか）を使う手もありますが、これだとゴールと逆方向に何メートル進んだのかがわかりづらくて不便そうです。そこで「1」の先頭に記号「ー」をつけることで「ゴールとは逆方向に1メートル進んだ」ということをあらわすことにしたらどうでしょうか。これなら進んだ距離もわかりますし、逆方向に進んだということもわかります。

　このように、負の数を付け加えることで「逆向きの方向」という情報をシンプルにあらわすことができるわけです！　実際に、古代インドでは「逆向きの方向」という考え方を使って、自然に負の数を受け入れていました。また、古代中国でも、「借金」を「マイナスの財産」ととらえる考え方で負の数を活用していました。

0引く1は0?!

　このように、負の数を自然に受け入れる人たちがいた一方で、負の数を認めることに苦労した人たちもいました。

　たとえば、こんな意見を持っている人もいました。

0から1を引いたとしても、出てくる数は0だ！

3.「まえ」があれば「うしろ」もある

これを言ったのは、**ブレーズ・パスカル**(1623-1662)というフランスの17世紀の有名な数学者でした。パスカルさんは、第2章で出てきたブラフマグプタさんと同じように、数学以外にも哲学や物理学などの幅広い分野で活躍しました。パスカルさんが考えたいろいろなことは、パスカルさんの亡くなった後、『パンセ』という本にまとめられています(パンセはフランス語で「考えたこと」とか「思想」という意味の言葉です)。この本の中に出てくる「人間は考える葦である」という言葉はとても有名なので、算数や数学以外の教科書にも載っているかもしれません。

　じつは「0から1を引いても0」という考え方は、同じく『パンセ』に出てきています(正確には「0から4を引いても0」と書いていました)。パスカルさんは、**ピエール・ド・フェルマー**(1601-1665)という人と一緒に「確率」という考え方を生み出すなど、非常にたくさんの重要な業績を残した数学者です。**そんなとても偉い数学者のパスカルさんが「0から1を引いても0」と言うのですから、こちらが正しい考え方なのでしょうか？**

　確かに0が「何もない状態」(たとえばリンゴが残っていない状態)をあらわしているとするなら「何もない状態」から1

を引いても、そもそも引くものがないので、やっぱり答えは「何もない状態」、つまり 0 になる気もします。

🍎 どっちが正しい？

ここまでで、次のような 2 つの考え方が出てきました。

① 0 から 1 を引くと、−1 という数(すう)が出てくる
② 0 から 1 を引くと、0 という数(すう)が出てくる

いったいどちらが正しいのでしょうか？ 現在の数学では、ふつう、こんなふうに考えます。

① 計算のルールは、**便利になるように、人間が決める**もの
② ですから、**どちらが正しいということにしても OK**
③ ただし、いちど決めたら、**途中(とちゅう)で勝手に変えてはダメ**

最初の「計算のルール」というのは、たとえば 1＋1＝2 のようなものです。この式は「1 に 1 を足したら 2 になる」ということをあらわしていますね。「1 に 1 を足したら 2 になる」ことは、私たちにとって当たり前すぎて「絶対の法則・決

3.「まえ」があれば「うしろ」もある

まり」のように思えてしまうかもしれません。

　しかし、よくよく考えてみれば「たし算」というものは、1、2、3、… という数と同じように、私たちの頭の中にしかありません。人間がいろいろなものをかぞえたりするために便利になるように、人間が勝手に作り出したものです。ですから、たとえば「1＋1＝1」のような計算ルールを考えても、全く問題ないのです。

　ただし、そんなふうに勝手に考えた計算ルールが便利かどうかということは、とても大切です（わざわざルールを考えたのに、不便になってしまっては残念ですよね）。じつは「1＋1＝1」という計算ルールは、コンピュータ科学や、情報科学などでとても役に立つブール代数というものの一部になっています。ブール代数がなければ、パソコンやスマホなどの私たちの身の回りの電子機器は、何ひとつ作ることができません。ふつうの常識とは全然違うように見える計算ルールが、私たちの生活を支えているわけですね！

　こんなふうに、計算ルールは私たちそれぞれが勝手に決めることができますが、便利でなければ誰も使ってくれません。私たちがふだん使っている 1＋1＝2 というルールは、ものすごく便利でわかりやすいので、世界中で誰もが使っています。そ

のため「1+1=2 は絶対に正しい」と思ってしまうのですが、先ほどのブール代数の例のように、これが絶対の決まりというわけではないのです。

🍎 どっちが便利？

さて、負の数の話に戻りましょう。後の説明のために、私たちが比べている計算ルールを、式で書き直しておきます。

① 0−1 = −1 （0 から 1 を引くと −1）
② 0−1 = 0 （0 から 1 を引くと 0）

先ほどは「どちらが正しいのでしょうか？」と問いかけました。でも、上で説明したように、本当に考えなければならないのは**どちらの方が便利なのか？** ということです。これまでの人類の経験では、ほとんどの場合、ひとつ目の「0 から 1 を引くと −1」という考え方の方が、**はるかに便利**だということがわかっています。

このことを確かめるために、こんな式を考えてみましょう。

$$2+0-1 = ?$$

3.「まえ」があれば「うしろ」もある

答えはどうなるでしょうか？　計算は左から順番に行うのが基本なので、まずは 2＋0 を計算しましょう。答えはもちろん 2 ですよね。ですから、上の式はこんなふうに書き換えられます。

$$2-1 = ?$$

　後は 2 から 1 を引けば良いので、答えは 1 となります。
　では同じ式を、今度は右から順番に計算してみましょう。わかりやすいように、先に計算するところをカッコで囲んでおくとこうなります。

$$2+(0-1) = ?$$

　カッコの中身は、0 引く 1 になっています！　そこで、パスカルさんの言う通りに 0－1＝0 だとして計算するとこうなります。

$$2+0 = ?$$

　この答えはもちろん 2 です……なんと、先ほどの計算とは違う答えが出てきてしまいました！
　このように、0 引く 1 を 0 ということにしてしまうと、た

し算やひき算の順番を変えたときに答えが変わってしまうことがあるのです。しかし、0 引く 1 は −1 ということにしておけば、このような問題は起こりません。実際に、2+(0−1) という式で 0−1 のところを −1 に置き換えると、こうなります。

$$2+(-1) = ?$$

 負の数を足すということは、ひき算をすることと同じです（これも、そのように計算ルールを決めておくと便利なので、そうしているだけのことです）。ですから、上の式を書き換えると

$$2-1 = ?$$

となり、答えは 1 となります。確かに、左から計算したときと答えが同じになっています！

🍎 マイナスかけるマイナスとは？

 ところで、中学校で「負の数」を勉強し始めるとすぐに、こんな式が出てきます。

$$(-1)\times(-1) = 1$$

日本語で言い換えれば **−1 と −1 をかけると 1 になる** ということです。1 というのは正の整数（プラスの数）なので、よく**マイナスとマイナスをかけるとプラスになる**という言い方もされます。この式を初めてみたとき、私はこう思いました。

① なんでこんな式が成り立つの？　わけがわからない！
② そもそもマイナス 1 とマイナス 1 を「かける」って、どういう意味？

　ここまで読んできたあなたなら、当時の私の疑問に答えられると思います。負の数は、自然数や 0 に加えて出てきた新しい数なので「かけ算のルール」があらかじめ決まっていません。ですから、**負の数を含めた「かけ算のルール」は、人間が決めてあげる必要がある（逆に言うと、勝手に決めていい）**わけです。
　でも、どんなルールでも良いわけではありません。「**便利かどうか**」が大切なことです。**マイナスとマイナスをかけるとプラスになる**というルールを学校で教わるのは、**それがダントツで便利だから**なのです。
　このことを説明する前に、まずは「どんなかけ算のルールなら便利か」ということを考えてみましょう。かけ算のルールに

はいろいろありますが、たとえば次の 3 つはとても大切です。

① 1 をかけても変わらない。たとえば 3×1＝3
② 0 をかけると 0 になる。たとえば 5×0＝0
③ 分配法則（展開）。たとえば 2×(3＋4)＝2×3＋2×4

どれも小学校で一度は見たことがあるのではないでしょうか。
3 つ目のルールは少しややこしい見た目をしていますね。
一般的に、○、△、□ が自然数や 0 の場合には、次のような計算法則が成り立ちます。このような計算方法を**展開**といいます（**分配法則**ともいいます）。

$$○×(△＋□) ＝ ○×△＋○×□$$

展開の公式を使うと、複雑な計算を簡単な計算になおすことができるので、とても便利です。
上で述べた①②③の計算ルールは自然数や 0 に対するものでしたが、負の数を含む場合にも同じようにルールを決めることができます。これが中学校で習う「普通の」計算法則です。
さて、ここからが本題です。じつは、①②③のルールで計算すると、自動的に、**(−1)×(−1)＝1 となってしまうので**

す！

　このことを確かめてみましょう。まず**ルール③の展開**を使ってみます。○×(△＋□)＝○×△＋○×□ という式の、**○のところに −1、△のところに −1、□のところに 1** を入れてみましょう。すると次の式が出てきます。

　　　（式 1）
　　　(−1)×(−1＋1) ＝ (−1)×(−1)＋(−1)×1

　頭がこんがらがりそうですが、（式 1）の「＝」の左側と右側を、落ち着いて順番に計算してみましょう。まず、**（式 1）の「＝」の左側**は次のように計算できます。

　　　(−1)×(−1＋1) ＝ (−1)×0＝0

　この式の 1 つ目の「＝」では、−1＋1＝0 という計算をしました。2 つ目の「＝」では、**ルール②** の「0 をかけると 0 になる」を使っています。これで、**（式 1）の「＝」の左側は 0** だということがわかりました。

　今度は**（式 1）の「＝」の右側**を計算しましょう。**ルール①** の「1 をかけても変わらない」を使うと (−1)×1＝−1 となるので、（式 1）の「＝」の右側の式は

$$(-1)\times(-1)+(-1)\times1 = (-1)\times(-1)+(-1)$$

と書き換えられます。負の数を足すことは、ひき算をすることと同じですから、最後の「+(−1)」のところは「−1」と書き換えることができます。つまり

$$(-1)\times(-1)+(-1) = (-1)\times(-1)-1$$

となります。これが(式1)の「=」の右側の計算結果です。

これで、(式1)の「=」の左側は0で、右側は$(-1)\times(-1)-1$だということがわかりました。つまり、次の式が成り立ちます。

$$0 = (-1)\times(-1)-1$$

この式の「=」の両側に1を足してみましょう。

$$0+1 = (-1)\times(-1)-1+1$$

この式の「=」の左側はもちろん1ですし、右側に出てくる「−1+1」は0ですから、結局

$$1 = (-1)\times(-1)$$

3.「まえ」があれば「うしろ」もある

という式が得られました。「＝」の左側と右側を入れ替えれば

$$(-1) \times (-1) = 1$$

となります。確かに、ルール①②③から、**マイナスとマイナスをかけるとプラスになる**ことが導かれました！

🍎 願いは叶う！　ただし、どちらかだけ

たとえば、誰かがこんなことを星に願ったとしましょう。

① (−1)×(−1)＝1 ってヘンだし、別のルールがいいなぁ……

② でも「展開」を使った便利な計算はできてほしいなぁ……

気持ちはとてもよくわかるのですが、**①と②の願いは絶対に同時には叶わない**ので、残念ですが、どちらかは諦めなければなりません。展開のような、自然数のときと同じ便利な計算をしたければ、どんなになじみがなくても (−1)×(−1)＝1 という計算ルールを認めなくてはいけないわけですね。

こんなふうに、数の計算ルールは、もともとは人間が勝手に決めるしかないものです。しかし「便利かどうか」ということ

を真剣に検討していくと、みんなが納得できるほど便利なルールは、じつはとても少ないことがわかってきます。

そういうふうにして残ってきた「ものすごく便利なルール」だけを、私たちは学校で教わっているのですが、そういう経緯を知らない状態でいきなり（−1）×（−1）＝1のような式を見ると「なんじゃこりゃ？」という感想になってしまいがちです。

私も最初は「マイナスかけるマイナスってどういう意味なんだろう……」と悩んだものですが、**じつは、便利になるように計算ルールを決めたら、こうなるしかない**ということに過ぎなかったのです！

もちろん、自然数1、2、3、…は「ものの個数」という明確な意味から生まれてきたものですし、そうしたイメージはとても大切です。0や負の数も「基準」や「逆向きの方向」といった意味やイメージをつけることができますし、このイメージも大切です。

しかし、こうしたイメージはあくまでも**数の特徴の一部をあらわすものでしかない**、ということを心にとどめておくことは、それ以上に重要です。第2章でも述べましたが、ギリシャ数学が0や負の数をなかなか受け入れられなかったのは、自然数が「ものの個数」をあらわすという特徴・イメージを重視し

すぎたためだといわれています。イメージというものはとても強烈なので、数の見方、使い方をひとつに固定してしまいやすいというデメリットがあるのです。

　特に「数の計算」をしているときには、イメージはむしろ邪魔になりがちです。ルールにしたがって淡々と計算をするときには、私たちは、**具体的なイメージとは関係のないただの「数」を相手にしている**ということを忘れずにいたいものです。

4. 数の世界の組み立てブロック

🍎 「素数」とは何か

　ここまでは1、2、3、… という「自然数」から出発して、次に「0」という数、その次に −1、−2、−3、… という「負の数」というものを考えてきました（これらを全部ひっくるめて「整数」と呼ぶのでした）。

　つまり、私たちは「ものの個数」という自然な考えから生まれた自然数の世界を、少しずつ広げていって、整数という新しい数の世界にたどり着いたことになります。

　この章では、新しい数の世界を見つける方向とは別に**自然数の中の特別な数**を見つけるお話をしたいと思います。自然数という、すでによく知っている数の中の、さらに一部の数に注目してみるのです。

　それは**素数**と呼ばれる数です。

素数とはなんでしょうか。1、2、3、…という自然数の中で、ある特別な資格を持つのが素数です。

　素数の資格について説明する前に、まずは、素数の例を見てみましょう。次の自然数は、全て素数です。

　2、3、5、7、11、13、17、19、23、29、31、37、41、43、47、53、59、61、…

　これを見ただけで、どんなルールで数が並んでいるかわかったとしたら、あなたは天才かもしれません。

　じつのところ、**素数がどういう規則にしたがって並んでいるかということは、いまでもあまりわかっていない**のです。

　では、素数とは何かということを説明しましょう。そのためには、**素数ではない数**について説明するのが一番手っ取り早いので、まずはそこから始めましょう。

　たとえば、6という自然数を考えてみます。小学校で習った通り、6は次のように、**2と3のかけ算**としてあらわすことができます。

$$6 = 2 \times 3$$

2と3は、どちらも6より小さい自然数です。6という自然数の立場からみると2と3は自分自身よりも小さい2つの自然数ということになります。こんなふうに、

　　　自分より小さい2つの自然数のかけ算になっている数

のことを合成数といいます。「合成」とは「いくつかのものを組み合わせて新しいものを作る」という意味の言葉です。6は、2と3という自然数を、かけ算を使って合成することでできている数というわけですね。

もう少しわかりやすく言えば、

　　　　6という自然数は、2と3から組み立てられる

とも表現できそうです。

逆の見方をすれば、こんなふうにも言えそうです。

　　　6という自然数は、2と3のかけ算に分解できる。

では、2や3は、さらに小さい自然数のかけ算に分解できるのでしょうか？ じつは、これはできないのです。たとえば、

4. 数の世界の組み立てブロック

2より小さい自然数は、もちろん1しかありません。でも、1どうしを何度かけ算しても1のままですから、どうやっても、かけ算を使って2を組み立てることはできません。2はそれ以上、バラバラにすることができないのです。同じように、3もそれ以上、分解できないことが確かめられます(気になる人は自分でやってみましょう!)。

　もうひとつ例を挙げてみましょう。12という数は、たとえば2かける6とあらわせます。この6は、さらに2と3のかけ算としてあらわせます。これを組み合わせると、

$$12 = 2\times6 = 2\times(2\times3) = 2\times2\times3$$

というふうに分解することができます。先ほど確かめたように、2と3はそれ以上、小さい数のかけ算に分解できないので、分解はここでおしまいです。

　ところで、12は3かける4ともあらわせます。そして、4は2と2のかけ算としてあらわせます。このことから

$$12 = 3\times4 = 3\times(2\times2) = 3\times2\times2 = 2\times2\times3$$

という順番で分解することもできます(最後の「=」のところは、かけ算は順番を入れ替えても変わらないことをあらわして

います)。

　こんなふうに、12＝2×6 だったり、12＝3×4 だったり、小さい数のかけ算に分解していくやり方はいろいろあります。しかし、**最後まで分解してしまえば、結果は必ず同じ**になります(自然数一般については、これは当たり前のことではありませんが、絶対にそうなるということを確かめることができます)。上の 2 つの計算を続けてみれば、どちらも 12＝2×2×3 になります。これを**素因数分解の一意性**と言います。

　ダメ押しで、もう少し大きな数も分解してみましょう。100 という数は、10 かける 10 とあらわせます。10 は 2 と 5 をかけたものですから、

$$100 = 10 \times 10 = (2 \times 5) \times (2 \times 5) = 2 \times 2 \times 5 \times 5$$

と分解できます。2 と 5 はこれ以上は分解することができませんから、100 の分解はこれでおしまいです。

🍎 素因数分解の考え方

　2 や 3 や 5 のように「自分よりも小さい自然数のかけ算にならない 1 以外の自然数」のことを**素数**と呼ぶことにしましょう。上で計算したように、**どんな自然数も、いくつかの素数**

4. 数の世界の組み立てブロック

のかけ算としてあらわすことができます。しかも、分解した結果は必ず1通りになります(ただし、かけ算の順序の入れ替えをしているだけのときは、同じ分解ということにします。2×3と3×2は、同じ分解ということにするわけです)。このような分解を、自然数の素因数分解といいます。

素因数分解という言葉はなんだか難しそうな響きですよね。まず、因数というのは「ある数をかけ算としてあらわすときのもと(原因)になっている数」という意味です。たとえば12は3×4としてあらわされますから、3と4は、12の因数です。12を2×6としてあらわすこともできますから、2と6も12の因数です。それから、1×12ともあらわせますから、1と12も12の因数です。素因数とは、因数のうち、素数でもある数のことです。

12の因数には1、2、3、4、6、12がありますが、このうち素数なのは2、3のみなので、12の素因数は2と3の2つです。

素因数分解とは、自然数を素因数だけのかけ算に分解するということを意味しています。先ほど計算した12＝2×2×3という式は、12を2と3という素因数のかけ算に分解する、素因数分解だったわけです。ここで、2という素因数が2つ出て

きていることに注意してください。素因数分解には、同じ素因数が繰り返し出てくることがあります。

さて、素数の言葉の説明(定義)には「1 以外の」という条件が入っています。1 も「自分よりも小さい自然数のかけ算にならない」という意味では、2 や 3 や 5 と同じ仲間なのですが、素数には含めないことにしたわけです。1 だけ仲間外れにするのは、少しかわいそうな気もしますが、もしも 1 も素数ということにしてしまうと、とても不便なことになります。

たとえば、6 の素因数分解は 6＝2×3 ですが、もしも 1 も素数に含めることにすると、素因数分解は 6＝1×2×3 としても良いし、6＝1×1×2×3 としても良いし、6＝1×1×1×2×3 としても良いことになります(**1 は、かけ算しても数が変わらないという特別な性質を持っている**ためです)。このように、**1 を素数に含めると、素因数分解の形が 1 通りに定まらなくなってしまいます**。そういうわけで、素数には 1 を含めない方が便利なのです。

🍎 素数はいったいいくつある？

私たちの身の回りの物質は、元素という基本単位が組み合わさってできています。化学の世界では、この世界に存在する元

素をリストアップした「元素周期表」というものが作られています。「物質を組み立てるための基本ブロック」を表にまとめることで、化学の研究はとても大きな進歩を遂げました。

　自然数と素数の関係は、物質と元素の関係に似ています。自然数も、素数という特別な数が、かけ算によって組み合わさることでできているからです。ということは「素数のリスト」を作っておくことができれば、数の研究がとても進歩しそうなものです！

　そこで、ここからは<u>素数の完璧なリストを作れるか？</u>　ということを考えていきましょう。この章の最初の方で紹介したように、次のリストの数は全て素数です。

2、3、5、7、11、13、17、19、23、29、31、37、41、43、47、53、59、61

　この他にも素数はたくさんあります。

　では、素数はいったいいくつあるのでしょうか？　この答えは、なんと2000年以上前にはわかっていました。紀元前3世紀頃にまとめられた『原論』という本の中には、次のように書かれています。

素数は無限に存在する。

　第1章でも「自然数は無限にある」ということに触れましたが、そもそも、何かが「無限に存在する」というのはどういう意味なのでしょうか。このことを、もう少ししっかりと説明しておきましょう。

　まずは例を考えてみます。この本には、いくつの文字が書かれているでしょうか？　……　私にもわかりませんが、はじめから順番に、1文字、2文字、3文字、…とかぞえていって、最後までかぞえ上げれば、何文字あるかがきっとわかることでしょう。きっと、たくさん文字がありますが、必ずどこかで終わりをむかえるはずです（そうでなければ、この本は「はてしない物語」になってしまいます！）。

　このように、あるものの集まり（たとえば、この本の文字の集まり）を考えて、その中のひとつひとつに1、2、3、…と自然数で番号をつけていったとき、どこかで終わりにたどり着くなら、その集まりには限りが有る、つまり有限であるということにしましょう（つまり「有限」という言葉を定義したわけです）。

　ここまでくれば「無限」という言葉の意味を説明できます。

4. 数の世界の組み立てブロック

あるものの集まりを考えたとき、それが有限ではないなら、その集まりには限りが無い、つまり無限であるということにしましょう。言い換えると、ものに自然数で1、2、3、… と番号をつけていったときに、どこまで行っても終わりがないことを、「無限」ということにするわけです。一言でまとめると

無限であること＝ 有限ではないこと

ということです。無限というと、なんとなく「たくさんある」というイメージがあると思いますが、ここでは数学的にハッキリと「無限」という言葉の使い方を約束している（定義している）ことを覚えておいてください。

　たとえば、雲のない夜に、周りに明かりのないところで夜空を見上げると「かぞえきれない！」と思うくらいに星が見えるときがあります（都会だと、夜でも明かりが多いので、少し難しいかもしれませんね。ちょっと寂しいところです）。でも、どんなにたくさんあるように見えても、宇宙にある星を1、2、3、… とかぞえていけば、とてつもなく長い時間がかかったとしても、いつかは必ず終わりが来ます。つまり、宇宙の星々の個数は無限ではないというわけです。

🍎 新しい素数の見つけ方

さて、先ほどの「素数は無限に存在する」という話に戻りましょう。無限である＝有限ではない、ということでしたから、素数を1個、2個、3個、… とかぞえていったとしても、どこまで行っても終わりが来ないということを述べているわけです。

でも、どうやったらそんなことがわかるのでしょうか？　第1章で説明したように、自然数が無限にあることは、自然数に1を足すと、さらに大きい自然数を作り出せることからわかります（1をどんどん足していけば、いくらでも大きな自然数が作れるわけです）。こんなふうに**次々と新しい数を作り出す手順**があれば、無限にあることがすぐにわかります。

じつは、素数の場合にも「次々と新しい素数を作り出す手順」があります。そしてそれこそが『原論』に書かれているのです。それはこんな方法です。

まず、2は素数だということは、私たちはもう確かめました。というわけで、素数は少なくとも1つはあるわけです。

次に、2に1を足してみます。答えはもちろん3です。こ

4. 数の世界の組み立てブロック

れは素数ですから、新しい素数が見つかったことになります。

では次に 2 と 3 をかけてから 1 を足してみましょう。答えは 2×3+1=7 ですが、これも素数です。またしても新しい素数が見つかりました！

気分が良くなってきたので、もう少し続けてみます。今度は、**これまでに見つかった素数全部(つまり 2、3、7)をかけてから 1 を足してみましょう**。答えは 2×3×7+1=43 です。これもまた素数です！

このまま続けていけば良さそうだな……と思うかもしれませんが、じつはここから少し困ったことが起こります。とりあえず、先ほどと同じように、これまで見つけた素数を全てかけてから 1 を足してみます。答えは 2×3×7×43+1=1807 となるのですが、**これは素数ではありません。**

じゃあ、やっぱりダメなのか……と諦める前に、この数をもう少し調べてみましょう。1807 を素因数分解してみると 1807=13×139 となります。すると、おやおや、**素因数分解の中には、13 と 139 という新しい素数があらわれている**ではありませんか！

私たちはこれまでに「2、3、7、43、13、139」という素数

を見つけました(見つけた順番に書いています)。これらを全部かけ算してから 1 を足してみます。

$$2×3×7×43×13×139+1 = 3263443$$

じつは、**これも素数になる**ことが確かめられます。ずいぶん大きな素数が見つかりました!

さらに続けます。「2、3、7、43、13、139、3263443」という素数を全てかけて 1 を足すと

$$2×3×7×43×13×139×3263443+1$$
$$= 10650056950807$$

とんでもなく大きな数になってきました。これを頑張って素因数分解すると、こうなります。

$$10650056950807 = 547×607×1033×31051$$

またしても「547、607、1033、31051」という新しい素数が見つかりました!

ここまでの手順をまとめると、次のようになります。

4. 数の世界の組み立てブロック

① すでに見つかっている素数をリストアップする
② リストの中の素数を全てかけ算して、最後に1を足す
③ **計算した結果が素数なら、それは新しい素数**
④ **もし素数でなかったとしても、素因数分解すれば、そこに出てくる素数は全て新しい素数になっている**

　先ほどの具体的な計算では、確かにこの方法で新しい素数が見つかりました。でも、この先どこまで続けていっても、必ずそうなるのでしょうか？　これまでたまたまうまくいっていただけで、どこかの段階で、新しい素数が見つからなくなってしまうということはないのでしょうか。

　答えから言ってしまうと、その心配はご無用です。上の手順を**1回行うたびに必ず新しい素数が見つかる**ということを証明できるからです。これからその理由を説明していきます。ただ、この部分は少し難しくなるので、いまの段階で全部がわからなかったとしても、落ち込まないでください！　最初に読むときは、いったん飛ばしても大丈夫です。

🍎 必ず新しい素数が見つかる理由

　さて、先ほどの手順にしたがって、必ず新しい素数が見つか

ることを説明しましょう。まず、①と②の手順を実行すると、何かの自然数が答えとして出てきます。これは2より大きい数になります(素数は2より大きいので、それらをかけ算した結果は、それより大きくなるからです)。この数を、★と書くことにしましょう。

「「素数」とは何か」(49〜53ページ)のところで説明したように、2以上の自然数は必ず、素数か合成数のどちらかになります(1だけは、素数でも合成数でもない例外でしたね)。ですから、★も素数か合成数のどちらかになります。

もし★が素数だったらどうでしょう(これが手順③の部分です)。★は、それまでに見つかった素数を全てかけ合わせて、さらに1を足していますから、それまでに見つかっているどの素数よりも大きい素数ということになります。つまり、私たちの望み通り、手順①でリストアップした素数の中にはない、新しい素数が見つかったことになるのです!

では、もし★が素数ではなかったとしたらどうでしょう(これは手順④の部分です)。★は合成数ですから、素因数分解すると、★よりも小さい素数のかけ算に分解されます。いまは★を具体的に求めていないので、どんな素数が出てくるかわかりませんが、とにかく1つは素数が出てくるはずなので、どれ

4. 数の世界の組み立てブロック

か好きなものを選んでみましょう。**この素数を□とあらわすことにします。すると□は手順①でリストアップした素数たちとは異なる素数である**ことがわかります。この場合も、やっぱりリストにはない新しい素数が見つかるわけです！

でも「□は手順①でリストアップした素数たちとは異なる」ということがどうしてわかるのでしょうか？　もちろん、この部分も証明しなければなりません。ここが一番難しい(でも面白い)部分ですので、ぜひ注意して続きを読んでみてください。

仮に「□がもともとのリストに入っていた」(すでに見つけている素数だった)としましょう。すると、とてもおかしなことが起きてしまうということが、次のようにしてわかります。まず、★は「リストにある素数を全てかけてから1を足した数」でした。いま、私たちは「□がリストに入っていた」ということにしているので、「リストにある素数を全てかける」という手順のどこかで、□もかけ算されていることになります。つまり、★はこんなふうにあらわせるはずです。

$$★ = □の倍数 + 1$$

「□の倍数」というのは、「□に別の自然数をかけた数」という意味です。しかし、□はもともと「★の素因数分解の中

に出てくる素数」だったので、★も□の倍数になっているはずです。つまり

$$★ = □の倍数$$

この2つの式をつなげると、こんなふうになります。

$$□の倍数 +1 = ★ = □の倍数$$

つまり、★は、□の倍数に1を足した数でもあり、同時に、□の倍数でもあるということです。では、**この式の左側と右側を□で割った余り**を考えてみましょう。すると、左側の余りは1になり、右側の余りは0になります。同じ数を□で割った余りを考えているのですから、それらは等しいはずなので

$$1 = 0$$

という式が出てきてしまいます。しかし、0と1は異なる自然数なので、こんなことはあり得ません！

いったい、どこで間違ったのでしょうか。途中の式の計算には間違いがないはずなので、おかしなところがあるとすれば、それはひとつしかありません。私たちは一番最初の段階で、「□がもともとの素数のリストに入っていた」と仮定していま

したが、この「仮定」の部分が間違っていたという可能性しか残されていません。ということは「□はもともとの素数のリストには入っていなかった」ということにならざるを得ないわけです。

かなり大変でしたが、これで「手順①〜④を行えば、必ず新しい素数が見つかる」ということを確かめることができました！

背理法と証明

このように何かを確かめたいときに「それが成り立っていないとする」と仮定して議論を進めてみて、何かあり得ないこと（矛盾といいます）を導き出すことができれば、もともと確かめたかったことが正しいという結論が得られます。このような証明の方法を、数学では背理法といいます。少し変わった方法ですが、数学の最も強力な武器のひとつです。

背理法の考え方は、じつはミステリー小説でもよく使われています。犯人がAさん、Bさん、Cさんの3人のうちの誰かだ、ということまではわかっているとしましょう。犯行が起こった時間に、AさんとBさんにはアリバイ（犯行が不可能だったことを示す証拠）があるとします。すると、犯人はCさんで

なければなりません。なぜなら、**もしもCさんが犯人ではないとすると、3人の中に犯人がいないことになって、おかしなことになってしまうからです**。Cさんの犯行であることを直接確かめられないとしても、Cさんが犯人であるという結論を導くことができるわけです。

　ミステリー小説では、アリバイがあると見せかける「アリバイ工作」に探偵が騙されてしまっているだけで、実際にはAさんが犯人だったということもよくあります。しかしこれは探偵の推理に見落としがあったというだけのことです。もしくは「犯人はAさん、Bさん、Cさんの中にいる」という前提が間違っていたのかもしれません。

　探偵も数学者も人間ですから、ときにはミスをすることもあります。それでも、間違いに気をつけながら、論理をひとつひとつ慎重に確かめながら進んでいけば、必ず正しい答えにたどり着くことができます。

🍎 数学の発見は古びない

　それにしても、「手順①〜④」のような方法で素数を無限に見つけられるということが、2000年以上も前にわかっていたというのは驚きです。この方法が書かれている『原論』の著者

は、紀元前3世紀頃に、エジプトのアレクサンドリアで活躍したとされるギリシャ系の数学者**ユークリッド**（これは英語読みです。古代ギリシャ語では**エウクレイデス**が近い発音のようです）です。

　ユークリッドさんは、数の研究だけでなく、**幾何学**の研究でもとても有名です。幾何学というのは、円、三角形、四角形のような図形について調べる学問のことです。小学校や中学校でも、この章のテーマである素数に加えて、このような図形について習うことになりますが、そこで習う内容はほぼ全て、ユークリッドさんの『原論』にすでに書かれていました。

　だからといって、**内容が古びることがない**のが、数学のすばらしいところです。それどころか、ユークリッドさんの幾何学は、ほとんど全ての科学・科学技術の基礎中の基礎として、私たちの社会全体を支えています（だからこそ、学校で必ず教わるわけですね）。

　証明によって正しいと確かめられたことは、**数千年たった後でも正しさが変わらず、古びることなくピカピカのまま**です。つまり、数学は私たちが**未来永劫にわたって使うことができる知的財産であり技術**なのです。しかも数学は純粋な論理の力によって支えられているので、**言語の壁も文化の壁も飛び越える**

ことができます(アレクサンドリアのユークリッドさんの知識が、いまでは世界中の学校で教えられているように!)。

　数学が得意か不得意か、好きか嫌いかということは、もちろん人によって違いがあると思います。しかし、この数学のすばらしさだけは、ぜひともあなたの心の片隅に(できることなら真ん中に!)とどめておいていただきたいのです。

🍎 巨大な素数を見つけるには……

　さて、素数の話に戻りましょう。『原論』の手順のおかげで、**素数が無限にある**ことがわかりました。

　しかしじつのところ、**具体的に素数を見つけることは至難の業**なのです。……というと「あれ? 『原論』の手順の通りにすれば、新しい素数がどんどん見つかるんじゃなかったの?」と疑問に思われるかもしれません。それは全くその通りなのですが、じつは、**『原論』の手順を実行するにはとてつもなく膨大な時間がかかる**のです。

　そのことを説明するために、59〜62ページで具体的に手順を実行してみたときの様子を思い出してみましょう。『原論』の手順には「それまでに見つかった全ての素数をかけてから1を足す」という操作がありました。手順を繰り返すたびに新し

い素数が追加されていくので「見つかった全ての素数のかけ算」もどんどん大きな数になっていきます。実際に、具体的にやってみると、最初は2からスタートして、次は3、その次は7でしたが、その次は43、次は1807、次は3263443、さらに次は10650056950807となり、**とんでもない速度で数が大きくなっていく**のです。

とはいえ「かけ算して1を足す」というだけなら、現代のコンピュータの力を借りればそれほど難しくありません。問題は手順③と手順④です。じつは、**ある数が素数かどうかを確かめたり、合成数を素因数分解することは、数が大きくなればなるほど難しくなります**。現在の技術でも、200桁程度の合成数を素因数分解するには、スーパーコンピュータを使っても1年程度の時間がかかります。500桁程度ともなると、現在の技術では、現実的な時間内に素因数分解することはとてもできません。『原論』の手順を何回か繰り返すと、すぐに500桁以上の数を素因数分解する必要が出てきてしまうので、**手順をそのまま実行することは現在の技術ではとても無理**ということになってしまいます。

ここで注意してもらいたいのは、現実的な時間内で計算できなかったとしても、**膨大な時間をかければ素因数分解自体は必**

ずできるということです。『原論』の手順を繰り返すことそのものは（時間さえあれば）必ずできますから、「素数が無限にある」こと自体は揺るぎません。上で説明したのは「具体的に素数を見つけることには莫大な時間がかかる」ということでしかなく、「素数を見つけることが不可能だ」と言っているわけではないのです。

実際に、この本を書いている最中、**約6年ぶりに、いままで見つかっていた素数よりも大きな素数が発見された**というニュースが飛び込んできました。それはこんな数です。

$$2^{136279841}-1$$

見慣れない記号が出てきていますね。説明しましょう。**$2^{○}$という記号は、○個の2をかけ算した数をあらわしています。** たとえば2^3は、3個の2をかけ算した数なので、

$$2^3 = 2\times2\times2 = 8$$

となります。2を他の数に置き換えても同様です。
たとえば10^8は、10を8つかけ算した数なので、

$$10^8 = 10\times10\times10\times10\times10\times10\times10\times10$$

4. 数の世界の組み立てブロック

$$= 100000000 = 1 億$$

となります。こんなふうに、この記号を使うと、とても大きな数を短くあらわすことができてとても便利です。

さて、先ほど出てきた $2^{136279841}-1$ は、2を136279841個かけ算してから、1を引いたものをあらわしています。これはじつに4000万桁以上の、とても巨大な数です。

ところで、有名なインターネット検索エンジン「グーグル」(Google)の名前は、googol(グーゴル)という数の単位にちなんでつけられたと言われています。googol は 10^{100}、つまり10を100個かけた数です。大きな数として有名な「無量大数」は 10^{68} なので、googol はそれよりも32桁も大きい数です。

大きさのイメージがつかみづらいと思いますが、ざっくりとした計算では、私たち人類が観測できる理論上の最大の範囲にある宇宙に存在する全ての原子を合わせた数はおよそ 10^{80} 個程度だと見積もられています。googol はそれよりも大きな数です。そして、$2^{136279841}-1$ は googol よりもはるかに大きい数です。まとめると、こんなふうになります。

観測できる宇宙の原子の個数 ＜ googol ＜ $2^{136279841}-1$

　この式に出てくる「＜」という記号は、数の大きさの関係をあらわす不等号と呼ばれるものです。「○＜△」と書いたら、△が○よりも大きいことをあらわします。もし□が△より大きければ、式をつなげて「○＜△＜□」のようにあらわします。このように、$2^{136279841}-1$ は私たちの想像を絶するほど巨大な素数なのです。

　こんなにも大きな素数を見つけることは、『原論』の手順では(現実的な時間内では)ほぼ不可能です。『原論』が書かれてから2000年にわたり、数学は着々と進歩を遂げてきましたが、その結果、大きな素数を「短時間で」見つけるための技術も積み上げられてきました。その結果として、私たちは $2^{136279841}-1$ のような巨大な素数も発見できるようになってきたわけです。

🍎 素数を利用した暗号

　しかし大きな素数を見つけたり、大きな合成数を素因数分解することは、いまでも難しいままです。これは数学者の立場からはちょっと残念ですが、このことを逆手に取ることで、とても役に立つ技術が開発されています。

4. 数の世界の組み立てブロック

それはRSA暗号と呼ばれるものです。これはロナルド・リン・リベスト(Ronald Linn Rivest)、アディ・シャミア(Adi Shamir)、レオナルド・マックス・エーデルマン(Leonard Max Adleman)の3人によって開発されたので、姓の頭文字(太字になっている部分)を合わせて名付けられました。

　暗号とは、秘密のメッセージを他の人に送るための方法です。友達とのメールのやり取りはもちろんメッセージですが、それ以外にも、オンラインで買い物をするときに送信するクレジットカードの番号や、サイトにログインするときのパスワードなどもメッセージの一種です。暗号のおかげで、私たちは安心してインターネットを使うことができています。

　暗号は暗号化と復号化という2つのステップからなります。暗号化はメッセージを読み取れなくする操作のことです。暗号化を行ってからメッセージを送信すれば、途中で中身を盗み見られても、何が書いてあるのかわからないので安全です。逆に、暗号化されているメッセージを、もともとの読めるメッセージに戻す操作を復号化といいます。

　昔からいろいろな暗号が考えられてきましたが、RSA暗号はその中でも特に優れているので、世界中で使われています。一言で言えば、RSA暗号は次の性質を使って作られます。

① **大きな素数をかけ算するのは簡単**
② **大きな数の素因数分解はとても難しい**

では、どうしてメッセージを送ることと数が関係するのでしょうか？　たとえば、文章をメールで送るときなどには、コンピュータが文章を**数の列（デジタルデータ）**に置き換えます。つまり、秘密の文章を送るということは、**秘密の数**を送るということと全く同じになるのです。そういうわけで、暗号の研究では、数学が大活躍します。ただ、メッセージを単純にデジタルデータに置き換えただけでは、他のコンピュータでも文章を読むことができてしまいます。そこで、このデジタルデータを暗号化する必要があります。

さて、RSA暗号の仕組みを簡単に説明しましょう。AさんがBさんにメッセージ（秘密の数）を送りたいとしましょう。RSA暗号では、まずBさんが素数を2つ好きに選びます。Bさんはそれをかけ算した合成数（★としましょう）をAさんに送ります。Aさんは、★を使って、送りたい秘密の数を、ある方法で暗号化してBさんに送ります。Bさんは、送られてきた秘密の数を、もともと選んでいた2つの素数を使って復号化することができます。

ポイントは、復号化するには、Bさんが最初に選んだ2つの素数が何かを知らなければならないということです。2つの素数をかけ算した合成数★を使うだけでAさんは暗号化ができるけれど、復号化はもともとの2つの素数を知っているBさんにしかできないという仕組みになっています。合成数★は、メッセージを暗号化する(扉を閉める)ための鍵なのですが、たとえこの鍵を盗まれてしまっても、メッセージを復号化する(扉を開ける)ことはできないので安全です。

　ただ、2つの素数の選び方には注意が必要です。たとえば、Bさんが素数として2と3を選んだとしましょう。このとき★＝2×3＝6となりますが、もし★を悪い人に盗み見られてしまったら、悪い人は★＝6を6＝2×3と素因数分解することで、もとの素数が2と3だったことが簡単にわかってしまいます。しかし、とても大きい素数を選んでおけば、★の素因数分解には気の遠くなるような時間がかかるため、現実的な時間内でメッセージを盗み見ることは不可能となります。

🍎 役に立つ研究？

　このように、素数の研究はとても役に立っていますが、ここでひとつ考えてもらいたいことがあります。RSA暗号は1977

年に発明されましたが、素数の研究そのものは、少なくとも2000年前から行われています。素数の研究が直接社会の役に立ったのはRSA暗号がほぼ初めてだったとすら言われています。では、それ以前の数学者は、いったいなんのために素数の研究をしていたのでしょうか？

　おそらく**数に対する純粋な好奇心**が、彼らを突き動かしていたのでしょう。役に立つかどうかということは、彼らにとっては、あまり重要ではなかったのかもしれません。素数の研究で著名なイギリスの数学者**ゴッドフレイ・ハロルド・ハーディ**（1877-1947）は『ある数学者の生涯と弁明』という本の中で「真の数学はほとんど役に立たないものであり、だからこそ美しくすばらしい」という意味のことを述べています。少なくともハーディは、何かの役に立つかどうかは気にせず、純粋な好奇心や数の美しさの追求のために、数の研究をしていたのでしょう。

　全く役に立たないと思われていた研究が、いまでは私たちの生活に不可欠な技術を支えているというのは、何だか不思議な気もします。しかし、歴史をふりかえると、過去の偉大な科学上の発見の多くは、そのようにしてなされてきたようです。このことは、役に立つことが最初からわかっている研究だけでな

く、全く役に立たないように見える研究であっても、それが面白いものであるならば、研究してみる価値があるということを示しています。むしろ、なんの役に立つかが現時点ではさっぱりわからないからこそ、将来何かに使われだすと、想像もつかないほど役に立つことがあるのです。

5. 図形(カタチ)の中に隠れた数

🍎 数と図形(カタチ)の深い関係

さて、ここまで私たちはいろいろな数を見つけてきました。自然数、0、負の数、素数、… というように。しかし、数の世界は、さらに大きく広がっていきます。この章では<u>三角形や円のような「図形」(カタチ)の中に隠れている数</u>を見つけていきましょう。

1、2、3、… という数は「ものの個数をかぞえる」ということから見つかってきたように、図形の研究（<u>幾何学</u>とも言います）も、とても素朴なところから始まりました。その歴史は、記録に残っている限りでは、古代メソポタミアや古代エジプトにまでさかのぼります。もしかしたら、記録に残っていないだけで、もっと昔に始まったのかもしれません。

その時代の人々の生活は<u>農業</u>によって成り立っていました。

農業には、作物を育てるための<u>農地</u>が必要です。

🍎 農地を長方形で区切るには

メソポタミアやエジプトには、ティグリス川、ユーフラテス川やナイル川のような大きな河があり、たびたび洪水が起きていました。この河が運んでくる栄養分が、農作物の生長には大切だったのです。しかし、洪水が起きると、流されてきた土に農地がおおわれてしまい、どこまでが誰の農地だったのかがわからなくなってしまいます。そこで、洪水がひいた後、もういちど農地を区切りなおす必要がありました。

土地を区切るときには、長方形の形で区切っておくと、区切ったときに余りが出づらいですし、土地の面積も求めやすいので、とても便利です。

では、広い土地に長方形を描くためには、どうしたら良いでしょうか？　まず、長方形の一辺を描くのは簡単です。たとえば、長いヒモを用意して、2人でその両端をつな引きのように引っ張れば、まっすぐな線ができるでしょう。

問題はこの次です。長方形の角は<u>直角（90度）</u>ですが、これを正確に測るのは意外にも難しいのです。分度器のようなもので90度を測れば良さそうにも思えますが、どうしてもほんの

少しのズレが出てしまいます。たとえ 0.1 度のようなわずかな誤差だとしても、とても広い土地の場合には、ズレの影響がどんどん大きくなってしまいます。

🍎 長さを使って直角を測る

このように、**正確な直角をどのようにして測るのか**ということが、当時の人々にとって非常に大きな問題でした。そして、いつの頃かは正確にわかりませんが、次のような解決策が編み出されたのです。

それは**ちょうどよい三角形を作る**という方法でした。たとえば辺が 3 cm、4 cm、5 cm の三角形はこんな形になります。

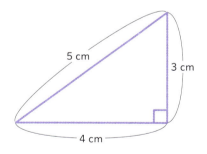

長さが 3 cm と 4 cm の辺にはさまれた角度は、ピッタリ直角になっています。このように、どこかの角度が直角になって

いる三角形のことを<u>直角三角形</u>といいます。同じことは、<u>辺の比が3：4：5になっていれば</u>、いつでも成り立ちます。たとえば、三角形の辺の長さを100倍すると、辺の長さはそれぞれ3m、4m、5mになります。さらに10倍すれば30m、40m、50mとなります。辺の比が同じままであれば三角形の角度は変わらないので、好きな大きさの直角三角形を作ることができるわけです。

この方法を使うと、大きな農地の角が直角かどうかを正確に測ることができます。まず、120mの長いロープと3人の人を用意します。次に、ロープをまっすぐに伸ばして、端から順番に30m、40mのところにしるしをつけます。その後、ロープの両端を1人が持ち、残りの2人がしるしのついたところを持ちます。そして、ロープを離さないようにしながら3人でロープがピンとなるまで引っ張ります。すると、辺の長さが30m、40m、50mの直角三角形ができるので、直角を測ることができるわけです。

もちろん、しるしをつけるときには少しズレができることもありますし、3人でロープを引っ張って三角形を作るときにも、わずかにズレができる可能性もあります。しかし、大きな三角形を作っておくと、そのわずかなズレが角度に与える影響は小

さくなるので、より正確に直角を測れるようになるのです。また、この方法なら、長いロープさえあればどんな場所でも、どんな大きさの農地でも直角を正しく測ることができます。手軽さと正確さという点で、この方法はとても実用的だったのです。

🍎 三平方の定理

さて、農地の測量という具体的な問題から、**三角形の辺の比と角度の関係**という面白い関係が見つかってきました。じつは、3：4：5の他にも、直角三角形となるような辺の比はたくさんあります。たとえばこんなのも直角三角形です。

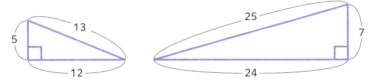

では、いったいどんな辺の比なら、直角三角形になるのでしょうか？　じつは、これについては簡単な、しかも完璧な答えが見つかっています。

5. 図形（カタチ）の中に隠れた数　　83

次のような直角三角形を考える。

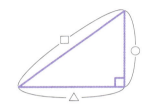

このとき、$○^2 + △^2 = □^2$ となる。
逆に、この式が成り立つような三角形は直角三角形しかない。

　この定理を<u>三平方の定理</u>といいます。前の章でも少し出てきましたが、数の右上に小さく数字を書いたら「その個数だけかけ算して得られる数」をあらわします。たとえば $○^2$ は $○$ と $○$ をかけ算した数です。つまり $○^2 = ○ × ○$ となります。同じように $△^2 = △ × △$、$□^2 = □ × □$ です。こんなふうに、同じ数を2個かけ算することを<u>平方</u>といいます。$○^2$、$△^2$、$□^2$ という3つの平方が関係する式が出てくるので、三平方の定理と呼ばれます。

　さて、三平方の定理は本当に正しいでしょうか。たとえば辺の比が3：4：5の直角三角形の場合に具体的に計算してみる

とこうなります。

$$3^2 + 4^2 = (3 \times 3) + (4 \times 4) = 9 + 16 = 25$$
$$5^2 = 5 \times 5 = 25$$

　こうしてみると、確かに $3^2 + 4^2$ と 5^2 を計算した結果はどちらも 25 という同じ数になりますから、三平方の定理の $3^2 + 4^2 = 5^2$ という式が成り立っています。

　もうひとつ例を計算してみましょう。辺の長さが 5、12、13 の場合はこうなります。

$$5^2 + 12^2 = (5 \times 5) + (12 \times 12) = 25 + 144 = 169$$
$$13^2 = 13 \times 13 = 169$$

やっぱり、どちらも 169 になりますから、$5^2 + 12^2 = 13^2$ となります。興味のある人は、辺の比が 7、24、25 の場合にも確かめてみましょう！

　もちろん、どんな直角三角形でも $○^2 + △^2 = □^2$ という式が成り立つことを確かめるためには、証明をしなければなりませんが、この本では紹介しません（ごめんなさい！）。証明は中学校の教科書に必ず書いてありますから、興味のある人はぜひそ

ちらをご覧ください(じつは三平方の定理には数百通りもの証明方法があるので、いろいろな本を見比べてみるのも面白いかもしれません)。

この本では、三平方の定理が成り立つ理由よりも、それが**数の発見とどう関係しているか**ということをお話ししたいと思います。じつは、そこには驚くべき物語が隠されているのです。

🍎 ピタゴラスさんの信念

三平方の定理が完全な形で証明されたのがいつ頃かは、はっきりとしていません。ただ、少なくとも紀元前500年頃(2500年以上も前!)までには見つかっていたようです。

その頃、古代ギリシャには**ピタゴラス**(紀元前582-紀元前497)という非常に有名な数学者がいました。ピタゴラスさんは、若い頃に外国に留学して、エジプトなどのいろいろな地域で学びました。そして、当時の最先端の数学や天文学の知識をひっさげて、故郷のギリシャのサモス島に戻りました。その後はイタリア半島に移住して、多くの知識を広めたり弟子を育てたりしたようです。

ピタゴラスさんは研究者であるだけではなく、非常に話がたくみで、人々の心を動かす力を持っていました。そのため、当

時の政治にも大きな影響力を持っていて、たびたび争いごとに巻き込まれてしまいました。最後には、政治的な対立の結果、襲撃を受けて命を落としてしまいます。

　そんなピタゴラスさんですが、彼は「数」と「図形」について非常に深い研究を行っていました。三平方の定理は、**ピタゴラスの定理**とも呼ばれています。伝説では、三平方の定理の証明を思いついたとき、ピタゴラスさんは感動のあまり神様に牛を捧げたとも言われています。(ただ、最近では、三平方の定理を最初に証明したのはピタゴラスさんではないとする説もあります。)

　さて、先ほども述べたように、ピタゴラスさんは多くの弟子も育てていました。ピタゴラスさんは弟子たちと一緒に生活して、ピタゴラスさんが定めたいろいろなルールを厳しく守りながら暮らしていたようです(ピタゴラスさんの集まりは、宗教団体としての一面も持っていたので**ピタゴラス教団**とも呼ばれています)。

　ピタゴラスさんは、数と宇宙(つまり、私たちが住むこの世界)の関係についてとても強い信念を持っていました。それは次のようなものです。

宇宙の全てのことがらは、自然数と、その比であらわせる。

ピタゴラスさんに限らず、当時のギリシャでは、0や負の数のような数は、現実世界に対応するものがない架空の数で、考えるに値しない（あるいは、考えてはならない）とされていました。

🍎 比と単位

さて、先に進む前に、<u>比</u>という言葉について説明しておきましょう。この言葉は、<u>比べる</u>ということに由来しています。これは農地の測量でもとても大切な考え方ですし、私たちの身の回りにもあふれています。

たとえば、この本のタテの長さはどれくらいでしょうか？ ものさしがあれば、本の背のところに当ててみれば、目盛を読んで測ることができますね（たとえば、15 cm ぐらいでしょうか）。

しかし、この 15 cm って、そもそもどういう意味なんでしょう？ ものさしをよくみてみると、目盛は等間隔に並んでいて、目盛が 1 つ進むたびに、1 cm、2 cm、3 cm と増えていきます。つまり、2 cm とは 1 cm の長さを 2 つ集めたもの（つま

り 1 cm の 2 倍)で、3 cm とは 1 cm の長さを 3 つ集めたもの(1 cm の 3 倍)です。同じように、15 cm は、1 cm の 15 倍の長さということになります。

　ここでもう少しだけ、よく考えてみましょう。**そもそも、1 cm とはなんなのでしょうか？**　1 cm が何かわかれば、2 cm は「1 cm の 2 倍」と言えばいいわけです。しかし「1 cm は 1 cm の 1 倍」と言っても、それ自体は正しいですが、1 cm が何なのか、さっぱりわかりません。1 cm がどれくらいの長さかを説明しようと思ったら、ものさしを実際に見せて「この 1 目盛分の長さだよ」と言うしかなさそうです。

　1 cm の長さというものは、それ以上は説明のしようがありません。しかし、1 cm の長さが決まれば、他のいろいろな長さを「〇 cm」のように、1 cm の何倍かで表すことができるようになります。このように、**他の量を測るための基準となる量**のことを**単位**といいます。他にも、現実世界にあるものを数であらわそうとすると、たちまち単位が必要になります。たとえば水の体積をあらわす「リットル」や、質量をあらわす「グラム」、温度をあらわす「摂氏」(℃)なども単位です。**何か基準となる量を決めておくことではじめて、私たちはものの量をあらわすことができます。**

このように、何か基準となる量(単位)を決めておいて、それと比べて何倍かということによってものの量をあらわすのが、比の考え方です。普段はなかなか意識しませんが、私たちの身の回りには、比があふれているわけですね。

🍎 自然数と分数

　しかし、ときには「基準よりも少ない量」を測らなければならないこともあります。たとえば、アリの体長を測ったら、1 cm のちょうど半分だったとしましょう。このとき、アリの体長をあらわすにはどうしたらいいのでしょうか？　1 cm よりも短い長さなのですから、1 cm、2 cm、3 cm、… のように自然数を使ってあらわすことはできません。

　一番もっともな解決策は「1 の半分」をあらわす数を使うことでしょう。半分にするというのは、2 で割ることとも言い換えられますから、1 を 2 で割った数を使うと言っても同じことです。現在の私たちは、そんな数を $\frac{1}{2}$ とあらわします。この記号を使えば、アリの体長は $\frac{1}{2}$ cm とあらわすことができます！

　このようにして出てきた新しい数は、自然数をいくつかに分割してできる数なので、分数と呼ばれます。この数は小学校で

も出てくるので、なじみがあるかもしれません。他にも、1 cm を 3 分割した長さは $\frac{1}{3}$ cm、4 分割なら $\frac{1}{4}$ cm、… など、いろいろな分数を考えることができます。

さらに、長さ 2 cm の棒を 3 分割したら、1 つ分の長さは $\frac{2}{3}$ cm になります。同じように長さ〇 cm の棒を□分割したら、長さは $\frac{〇}{□}$ cm です。こんなふうに、分数は一般的に

$$\frac{自然数}{自然数}$$

の形をしています。

さて、分数という言葉を使うと、先ほどのピタゴラスさんの信念は次のようにもあらわせます。

宇宙の全ての量は、分数であらわせる。

ピタゴラスさんの信念を、長さを例に言い換えると、こういうことになります。まず、長さを測るための単位を決めておきます（たとえば 1 cm など）。すると、

どんなものの長さも $\frac{自然数}{自然数}$ cm という形であらわせる

というのが、ピタゴラスさんが信じていたことなのです。

……と書きましたが、じつは、正確には、ギリシャの数学者たちは「分数」という数すらも受け入れていませんでした。「1」という数は、それ以上分割できないと考えられていたからです。

　しかし、分数を使えないととても不便ですよね。そこで彼らは分数の代わりに「比」を使うという方法をとっていたようです。たとえば、$\frac{1}{2}$ という分数は「1：2」という比であらわせます。自然数を分割するのではなく、「比べる」という考え方なら、ギリシャの数学者も認めることができたのでしょう。

　現在の数学では、分数と比は表記が違うだけで、同じものだと考えます（数をタテに並べるか、ヨコに並べるかの違いしかありませんものね！）。数学的には全く同じものでも、人間がそこから感じ取るイメージが違うということはよくあります。（第2章で出てきた「0」も「何もない」というイメージや、「はじまりの位置」などの異なるイメージを持っていましたよね。）

　ギリシャの数学者は、「比」には親しみを持てたけれど、「分数」には親しみが持てなかったということなのかもしれません。ただ、この本ではわかりやすさのために、分数も遠慮なく使って説明をすることにします！

🍎 ヒッパソスさんの素朴な疑問

ピタゴラスさんの信念は、とてももっともらしく見えます。ものの長さを測ろうとするとき、目盛をどんどん細かくしていけば、いくらでも正確に測ることができそうです。

しかし、本当にそうなのでしょうか。ピタゴラスさんの弟子に**ヒッパソス**（紀元前5世紀頃）という人がいました。ヒッパソスさんは、次のような直角三角形に興味を持ちました。

図のように、直角三角形の、直角をはさんだ2つの辺の長さはそれぞれ1cmになっています。直角三角形の中でも、もっともシンプルなものと言えそうです。ヒッパソスさんは、こんな問題を考えました。

この直角三角形の斜辺の長さは何cmだろう？

斜辺とは、直角のちょうど向かい側にある辺のことです。つまり、まだ長さがわかっていない辺のことですね。**この辺の長さを □ cm としましょう。**

5. 図形(カタチ)の中に隠れた数

ヒッパソスさんは、三平方の定理を使って、この長さを計算しようとしました。すると、こんな式が出てきます。

$$1^2 + 1^2 = \Box^2$$

1^2 というのは、1を2つかけたものでした。つまり $1^2 = 1 \times 1 = 1$ となるので、1^2 は結局1と同じです。同じように、$\Box^2 = \Box \times \Box$ となります。

　これを上の式に当てはめると、次のように書き換えられます。

$$1 + 1 = \Box \times \Box$$

　もちろん $1 + 1 = 2$ ですから、さらに書き換えると、こうなります。

$$2 = \Box \times \Box$$

　等しい式の左と右を入れ替えても、等しいことは変わりません。そこで、上の式の左と右を入れ替えると、こんな式が得られます。

$$\Box \times \Box = 2$$

　だいぶシンプルな式になりました！　これを日本語で言い換

えるとこうなります。

□ を 2 つかけると、ちょうど 2 になる。

この □ に当てはまるような数を見つければ、斜辺の長さがわかることになります！

🍎 2 つかけると 2 になる数を探して

ヒッパソスさんは、この □ がどんな数なのか、ということを考えました。師匠のピタゴラスさんの教えによれば、どんな長さも分数であらわすことができるはずです。ということは、□も、やはり分数になっているはず。

そこでヒッパソスさんは、とりあえず、□ を分数の形で書いてみることにしました。といっても、どんな数になるかわからないので、何か記号で書くしかありません。私たちは、こんなふうに書くことにしましょう。

$$□ = \frac{○}{△}$$

○と△は、1、2、3、… という自然数のどれかをあらわしています。□ が分数なら、とにかくこのような形になるはずです。

5. 図形（カタチ）の中に隠れた数

さて、先ほど考えたことにより、□×□＝2 でした。いま、□を分数であらわしましたから、□×□ の部分も、分数であらわせるはずです。実際にやってみましょう。

$$□×□ = \frac{○}{△} × \frac{○}{△}$$

記号がたくさん出てきたので、クラクラしてしまったかもしれませんね。でも、落ち着いてよく見れば、「＝」の左側の□のところに $\frac{○}{△}$ という分数を当てはめると、ちょうど「＝」の右側になることがわかるでしょう。

□×□＝2 という式と、上の式の左側は、どちらも同じ□×□です。ですから、右側どうしも同じ数のはずです。そこで、右側どうしを「＝」でつなげると、こうなります。

$$\frac{○}{△} × \frac{○}{△} = 2$$

なんだか、余計にややこしくなってしまったような……？しかし、ヒッパソスさんはここで諦めませんでした。分数のままだと難しそうなので、なんとかして、**自然数の式に変えてみよう**と考えたのです。そのアイディアは次のようなものです。△という自然数を、上の式の左と右にかけてみましょう。「＝」の左側と右側は同じものですから、**△という同じ数をか**

けても、結果は等しいままのはずです。すると、次のような式が得られます。

$$\frac{○}{△} \times \frac{○}{△} \times △ = 2 \times △$$

ここで、「＝」の左側の $\frac{○}{△} \times △$ という部分に注目しましょう。これはどんな数でしょうか？ $\frac{○}{△}$ はもともと「○を△で割った数」でした。ですから、そこにもういちど △ をかけると、割るまえの ○ に戻ってしまいます。式で書くと $\frac{○}{△} \times △ = ○$ ということですね。これを上の式に当てはめると、こうなります。

$$\frac{○}{△} \times ○ = 2 \times △$$

左側のかけ算の順序を入れ替えておきましょう。

$$○ \times \frac{○}{△} = 2 \times △$$

さて、ここに**また △ をかけてみます**。するとこうなります。

$$○ \times \frac{○}{△} \times △ = 2 \times △ \times △$$

すると、またしても $\frac{○}{△} \times △$ が出てきていますから、ここを ○ に置き換えてみます。

5．図形（カタチ）の中に隠れた数

$$○×○ = 2×△×△$$

とてもキレイな式になりましたね！ 形がシンプルなのも嬉しいですし、なにより、分数がなくなって**自然数だけの式になりました。**

🍎 ここまでのおさらい

話が長くなってきたので、少し復習しておきましょう、もともと私たちは**□という数**(直角三角形の斜辺の長さ)を調べたかったので、それを**$\frac{○}{△}$と分数の形であらわした**のでした。

そして、三平方の定理を使って調べていくと、○と△は**○×○=2×△×△ という式を満たす**ことがわかりました。

自然数の式になってしまえば、前の章で説明した素因数分解を使って、○や△の性質を調べることができます(まだ前の章を読んでいない人は、素因数分解のところだけ少し読んでから戻ってきてください！ もしくは、ここからの説明は「そういうものなのだなあ」と思って読んで、気になってきたら、前の章に戻ってみるという読み方でも大丈夫です)。

まず、ヒッパソスさんはこんなことを考えました。

〇×〇 の素因数分解は、どんな形になるか？

　ふつうなら「〇がどんな自然数かわからないと、そんなのわかりっこない！」と考えそうなものです。しかし、ヒッパソスさんは、次のことに気づきます。

　〇×〇 の素因数分解には、2 が**偶数個**あらわれる。

　偶数とは、2 の倍数のことです。つまり、0、2、4、6、8、10、… のような数は偶数です。逆に、偶数でない自然数を**奇数**と言います。1、3、5、7、… は奇数です。

　具体例で見てみましょう。6 の素因数分解は 6＝2×3 です。このことを使うと、6×6 の素因数分解は次のように求められます。

$$6×6 = (2×3)×(2×3) = 2×2×3×3$$

　右側の式を見ると、ヒッパソスさんのいう通り、素数 2 が 2 回あらわれています。

　もうひとつ例を見てみましょう。24 の素因数分解は 24＝2×2×2×3 です。すると 24×24 の素因数分解は

5. 図形（カタチ）の中に隠れた数

$$24 \times 24 = (2\times2\times2\times3)\times(2\times2\times2\times3)$$

です。右側に出てきている 2 の個数は、確かに偶数になっています（確かめてみましょう！）。

　これはどんな自然数○でも同じことが言えます。よく考えて見ればこれは当たり前のことです。なぜなら、○×○の素因数分解には、○の素因数分解に出てくる 2 が、2 個ずつダブって出てくるからです。たとえば、○の素因数分解に 2 が 3 個出てくるなら、○×○の素因数分解には、それぞれの 2 がダブって出てくるので、合計で 3×2 個だけ出てくることになります（このことは、2 に限らず、全ての素数について同じことが言えます。興味のある人は確かめてみましょう！）。

　また、○の素因数分解に 2 が全く出てこなければ、○×○の素因数分解にも 2 は全く出てきません。この場合も、出てくる 2 の個数は偶数個（0 個）だと考えることにします。（0 も 2 の倍数ですからね！）

　さて、ここまでは ○×○ のことばかり考えてきましたが、今度は「＝」の右側にある △×△ のことも考えてみましょう。じつは、この場合も全く同じことが成り立ちます。

△×△ の素因数分解にも、2 が**偶数個**あらわれる。

　記号が ○ から △ に変わったので「アレ？」と思うかもしれません。しかし、私たちは **○ がどんな自然数でも**「○×○ の素因数分解には、素数が**偶数個**あらわれる」ことを確かめたのですから、○ が △ に変わったとしても、やっぱり同じことが成り立つはずです。

　では、2×△×△ については、どんなことが言えるのでしょうか？　△×△ の素因数分解には、2 という素数が偶数個あらわれることがわかっています。2×△×△ の素因数分解には、それよりもちょうど 1 つだけ多く 2 があらわれます。偶数に 1 を足すと奇数になりますから、結局こうなります。

　2×△×△ の素因数分解には、2 が**奇数個**あらわれる。

🍎 ヒッパソスさんの大発見

　さて、ここまでで、次の 3 つのことがわかりました。

① ○×○ ＝ 2×△×△
② ○×○ の素因数分解には、**2 が偶数個**あらわれる

③ 2×△×△ の素因数分解には、**2 が奇数個**あらわれる

　ヒッパソスさんは、この 3 つをじっと見比べているうちに、とてもおかしなことが起きていることに気がつきました。この本を読んでいるあなたも、少し考えてみてください。
　……わかったでしょうか？　そろそろ、種明かしをしましょう。まず、1 つ目の式 ○×○＝2×△×△ の左と右は同じ自然数なのですから、その素因数分解も同じになるはずです。つまり

　　　○×○ の素因数分解 ＝ 2×△×△ の素因数分解

となるはずです。しかし、2 つ目の事実によると ○×○ の素因数分解には 2 が偶数個出てくる一方で、3 つ目の事実によると 2×△×△ の素因数分解には 2 が奇数個出てきます。つまり、

「＝」の左と右で、素因数分解に出てくる 2 の個数が異なる

ということになってしまうのです！
　第 4 章でもふれましたが(53 ページ)、ある自然数を素因数分解すると、その結果は(かけ算の順番を別にすれば)ただ 1

通りになります。ですから、出てくる素数の個数が異なるということはないはずです（**素因数分解の一意性**）。

ヒッパソスさんは、直角三角形の斜辺について考えているうちに、いつの間にか**ありえないこと**にたどり着いてしまいました。ヒッパソスさんがそのときどう感じたのかは、記録がないのでわかりません。

しかし、きっと、とても混乱したことでしょう。

🍎 真実はどこに？

いったい、何が起きているのでしょうか？　考えを進めている途中で「ありえないこと」が出てきたということは、それまでのどこかに間違いがあったということです。

では、いったいどこに間違いがあったのでしょう？　ヒッパソスさんも、どこが間違っているのか探したことでしょう。しかし、途中の考えには、どこにも間違いが見つかりません。

そして、ついにある考えにいたります。

　　　□は、ほんとうに分数としてあらわせるのだろうか？

ヒッパソスさんは、議論のはじめの方で「□は分数としてあらわせるはずだ」と考えて、□を分数 $\frac{○}{△}$ であらわしまし

5.　図形（カタチ）の中に隠れた数

た。しかし、よく考えると「□は分数としてあらわせる」ということは、**証明されたことではありません**。尊敬する師匠である**ピタゴラスさんがそう信じていたというだけで、それ以外に、確実な根拠はないわけです**。

そして、「□は分数としてあらわせる」という部分以外は、どう考えても正しい議論をしています。ということは、可能性はただひとつしか残っていません。

ついに、ヒッパソスさんはこう宣言しました。

□は分数としてあらわせる数ではない！

ところで、□は直角三角形の斜辺の長さをあらわす数でした。つまり、ヒッパソスさんの発見は、次のことも意味しています。

分数であらわせない長さが存在する！

ついに、ヒッパソスさんは真実に到達したのでした。

🍎 無理数の発見

ヒッパソスさんが発見した□は、分数ではあらわすことができないので、$\sqrt{2}$（「ルート2」と読みます）という新しい記

号であらわされます。$\sqrt{2}$ のように、分数ではあらわせない長さをあらわす数は、現在では**無理数**と呼ばれています。

じつは、その後の研究で、**無理数は世の中にたくさんある**ことがわかってきました。

たとえば、直径が1の円を考えましょう。この円の周の長さは、**円周率**と呼ばれています(中学校で$π$と習います)。じつは、この**円周率も、やはり分数ではあらわせない数**(つまり無理数)です。このことは、ドイツの**ヨハン・ハインリヒ・ランベルト**(1728-1777)さんによって1768年に発見(証明)されました。ヒッパソスさんの発見から、とても長い時間がかかっています。

さらに、19世紀には、ドイツの**ゲオルク・カントール**(1845-1918)さんが驚くべきことを発見します。

無理数は、分数よりたくさんある！

「よりたくさんある」というのは、いったいどういう意味でしょうか？　たとえば、3個のリンゴと5個のミカンなら、もちろん5個のミカンの方が、よりたくさんありますね。つまり3より5の方が大きいということで、私たちにとっては当たり前です。でも、このことを「自然数」について知らない人

5. 図形(カタチ)の中に隠れた数

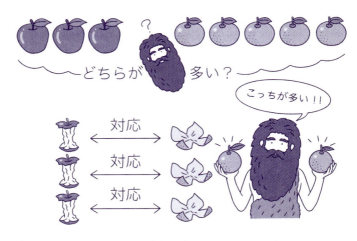

に教えようと思ったら、どうしたらいいでしょう？

　それには、第1章で説明した「かぞえる」ということの本質に戻ってみる必要があります。「かぞえる」というのは、そもそも「ものの間に対応をつける」ということでした。そこで、リンゴとミカンの間にも、対応をつけてみることにしましょう。

　上の図では、ミカンの中に2つだけ、リンゴと対応がつかないものが余ります。これは、対応のつけ方を変えたとしても同じで、必ず2つのミカンが余ることになります。

　このように、**有限のもの**の集まりの間に、1つずつ対応をつけて行ったときに、片方にものが余れば、そちらの方がたくさんある、ということになります。

では、**無限のもの**の集まりの場合はどうでしょうか？　簡単な例として「自然数の集まり」と「偶数の集まり」を考えましょう。すると「自然数の集まり」と「偶数の集まり」の間には、余りが出ないように対応をつけることができます。なぜなら、1、2、3、… という自然数をそれぞれ2倍すると、ちょうど2、4、6、… という偶数が出てくるからです。つまり「自然数の集まり」と「偶数の集まり」は**同じ大きさ（同じだけある）**と考えることができます。

　偶数は自然数の一部なのに、自然数全体と「同じだけある」というのは不思議に感じるかもしれません。じつは、**無限のものの集まりを考える場合、対応の付け方しだいで、余りが出たり出なかったりすることがあります**。たとえば、自然数の集まり1、2、3、… にAという名前をつけ、全く同じコピーの集まり1、2、3、… にも区別するためにBと名前をつけておきます。そして、Aの1にはBの2を、Aの2にはBの3を……というように、1つだけずらした対応をつけてみます。するとBの1には、対応するAの数がなくなって、余ってしまうのです！

　そこで、カントールさんはこう考えました。

どの対応のつけ方でも余りが出るなら、より多いと定義（ていぎ）する。

　この本では「定義」という言葉が何度か出てきました。有限のものの集まりの場合は、どちらが多い、少ないというのは理解しやすいので、わざわざ定義とまでいう必要はないかもしれません。しかし、無限のものの集まりを考えようとするときには「多い、少ない」という言葉の意味を明確に定めなければ、有意義な議論ができません。そこで、カントールさんは「対応づけ」ということをヒントにして、無限のものの集まりの大きさ（ものの多さ）を定義したのです。

　さて、先ほどのカントールさんの発見に戻りましょう。

無理数は、分数よりたくさんある！

　これは、分数に無理数をどんなふうに対応させたとしても、必ず無理数が余ってしまうということを意味しています。これは「対角線論法」という方法で証明することができます。ここでは紹介できませんが、とても面白い証明法です。興味のある人は調べてみましょう！

　つまり、カントールさんによれば、この世界には、分数で測れる長さよりも、無理数でしか測れない長さの方がたくさんあ

るということになるのです。ヒッパソスさんによって無理数が発見されてから2000年以上たって、ついに人類は、驚くべき事実に到達したのです。

🍎 どんなに偉い人でも変えられない真実がある

さて、無理数を発見した後、ヒッパソスさんはどうなったのでしょうか。どうやら、ヒッパソスさんはピタゴラスさんに自分の発見を伝えたようです。しかし、ピタゴラスさんは、無理数の存在をピタゴラス教団の外に漏らさないよう命令したと言われています。ヒッパソスさんの発見は「宇宙の全てのことがらは、自然数と、その比（分数）であらわせる（はずだ）」というピタゴラスさんの教えを完全に否定するものだったので、ピタゴラスさんにとって都合が悪かったのでしょう。

しかしヒッパソスさんは、この発見を外部に知らせたのです。このことはピタゴラスさんの強い怒りを買ったことでしょう。一説では、ヒッパソスさんは、ピタゴラス教団によって海に突き落とされ処刑されてしまったと言われています。

ヒッパソスさんはどうして、命の危険を顧みず、発見を公表したのでしょうか。それは「ピタゴラスさんの教えよりも、**自分がひとつひとつ論理的に考えて出した答えが正しいというこ**

とが、後世の人たちに認められるという確信があったから」ではないか、と私は思います。

　たとえ自分の命が失われたとしても「論理的に導かれる真実」を世の中に知らしめたい。そして、自分が正しいことが、いつの日か必ず理解される。そんなふうに考えたのかもしれません。

　じつは、無理数が分数よりも多いということを発見したカントールさんも、理論を発表した当時は、一部の数学者からとても強い反発を受けました。それらのほとんどは論理的なものではありませんでした。ただ、自分たちの「信念」に反するカントールさんの発見を受け入れることが難しかったのです。カントールさんを批判した人たちの中には、非常に多くの業績を残した優れた数学者もたくさんいました。そのような優れた数学者でも（あるいは、だからこそ）、全く新しい考え方を受け入れることに苦労することがあり、時には人を糾弾してしまうことがある、という事実は、私たちにいろいろなことを教えてくれます。

　いまでは、ヒッパソスさんとカントールさんの発見は広く認められ、現代数学、そして現代科学になくてはならない基礎として、私たちの社会を支えています。

6.

おわりに──数学が手にした自由

🍎 ふたたび、数ってなんだろう

　この本で見てきたように、数の世界を広げようとするときには「そのようなものは数とは認めない！」という反対意見がありました。たとえば「数とは1、2、3、… のようにものの個数をあらわすものだ」という信念を持っている人にとって、負の数を認めることはとても難しかったことでしょう。

　しかし、このような論争が起きてしまうのは無理のないことでした。そもそも**「数」という言葉そのものの定義がない**ので、いくら話し合っても平行線になってしまうのです。

　結局、数とはなんだと思いますか？　次のページで、私なりの答えを述べますが、その前に、いちど本を閉じて、あなたなりの答えを考えてみてください。

🍎 数っぽいものは数?!

それでは、私なりの答えをお伝えします。

数のようなふるまいをするものは、数である。

……「何じゃそりゃ！」という声が聞こえてきた気がします。もちろん、これでは定義としては失格です。数という言葉の説明の中で「数」という表現を使ってしまっては、なんの説明にもなっていません。それに「数のような」という表現もあいまいで、人によって捉え方が違ってしまうことでしょう。

しかし、この表現が(いまのところ)私にとって一番しっくりくるのです。その理由を説明しましょう。

まず、1、2、3、… という自然数が数であることに反対する人はほとんどいないでしょう。なんといっても、やはり自然数が全ての出発点です。さて、自然数は「ものの個数をあらわす」というところから生まれてきていますが、それ以外にも重要な特徴を持っています。それは**たし算、ひき算、かけ算などの計算ができる**というところです。計算ができるおかげで、私たちはとても大きな数も自在に扱うことができます。これは数のとても大切なふるまいと言えるでしょう。

さて、次に私たちは0や負の数を考えました。これらの数は「ものの個数をあらわす」という役割からは遠ざかってしまいます。しかし、「たし算、ひき算、かけ算などの計算ができる」というところは、自然数と変わりません。それどころか、3－5＝－2のような自然数の範囲ではできなかった計算もできるようになるという利点も備えています。この意味で、こうしてみると、0や負の数も、やはり数の仲間だと言えそうです。

　では、分数はどうでしょうか。これもやっぱり「たし算、ひき算、かけ算などの計算」ができますし、それに加えて $2 \div 3 = \frac{2}{3}$ のような「わり算」も自在にできるようになります。したがって、分数も数の仲間に入れてあげると、むしろ便利になって良さそうです。

　さて、分数が数の仲間に加わったことで、数は長さなどの量を測ることにも役立つようになります。1、2、3、…などの自然数と違って、分数は $\frac{1}{10000}$ cm のようなとても小さい長さもあらわすことができます。つまり、分数が仲間に加わったことで「長さなどの量をあらわすこと」が数のふるまいの中に追加されたと言うこともできるでしょう。

　さて、ヒッパソスさんは、直角三角形の斜辺の長さを求めようとする中で、$\sqrt{2}$ のような無理数を発見しました。その後、

円の周の長さを求めるときに使う円周率も無理数であることがわかりました。ピタゴラスさんは「無理数など認めない！」という立場をとっていました。しかし「長さをあらわすこと」も数のふるまいのひとつだということにすれば、直角三角形の斜辺の長さや円周の長さをあらわす無理数も、立派な数の仲間だということになります。

いまでは、分数と無理数（それから、それにマイナスをつけた数）のことを、まとめて**実数**と呼ぶことになっています。「長さ」という**実在する量**をあらわす数であるということが名前の由来なのでしょう。

このように、私たちは**すでに数だと認めたものと似たふるまいをするものを、新しく数の仲間に加える**ということを繰り返して、数の世界を拡張してきました。つまり「数らしさ」の概念も、時代とともに少しずつ広がってきたわけです。

2000年前の人たちにとっての「数らしさ」と、現在の私たちにとっての「数らしさ」は、かなり違っていることでしょう。2000年後の未来人にとっての「数らしさ」は、いったいどんなふうに変化しているのか、想像してみるのも一興ですね。

🍎 まだまだ広がる数の世界

　この本では詳しく取り上げることができませんでしたが、実数のさらに先にも、まだまだ新しい数の世界が広がっています。この本の締めくくりとして、その世界の入り口を、ほんの少しだけのぞいてみましょう。

　第5章で、ヒッパソスさんは □×□＝2 という式に当てはまる数□を探していました。そして、最終的に、□は分数ではあらわせないということに気づき、無理数の発見につながったのでした。

　では、式の形を少し変えて、次のような式はどうなるでしょうか。

$$□×□ = -1$$

　じつは、この□に当てはまる数は**実数の中にはありません。**なぜなら、どんな実数も、自分自身とかけ算すると0以上の数になってしまうことがわかっているからです。つまり、□が実数である限り、□×□ は決して負の数になることができないのです。

　「そんなヘンな式、考えなければいいんじゃないの？」と思

6. おわりに　　115

うかもしれません。しかし、この一見「ヘン」な式は、私たちの生活に必要不可欠なのです。たとえば、私がこの本を書くために使っているパソコンやスマートフォンなどは「量子力学」という物理学の理論をもとに設計されています。量子力学を使うと、パソコンの回路の中で動き回っている電子の動きを予測したり制御したりすることができます。そして、面白いことに、量子力学の理論には、□×□＝－1となるような数がいたるところに出てくるのです。

このような不思議な数は**複素数**と呼ばれる数の一種です。複素数は、量子力学で使われるようになるずっと前に、数学者によって発見されていました（ドイツの数学者ガウスさんは、複素数の大切さにいち早く気がつき、その普及に貢献した一人です）。複素数が発見された当初は、ヒッパソスさんが無理数を発見したときと同じように、「そんな数、本当にあるの？」「あるかもしれないけど、そんなものは数の仲間とは認めない！」という反応がたくさんあったようです。「歴史は繰り返す」、という格言がありますが、数学もその例外ではないのですね。

しかし複素数の世界ではいろいろな計算が自然にできること、そして何より、<u>とてつもなく役に立つ</u>ことがわかってきたので、いまでは複素数は立派な数の仲間として認められています。

🍎 じつはとんでもなく自由な数学

では、複素数の先はあるのでしょうか？ じつは、まだまだまだまだ、数の世界は広がり続けています。たとえば、0ではないのに □+□=0 となってしまう数や、□×□=0 になってしまう数、○×□ と □×○ が等しくならない数、などなど。

「そんなのって、ヘンすぎる！」と思うのは自然なことです。しかし、全く新しいものに出会ったとき、それをヘンだと思うのか、面白いと思うのか(あるいはその両方？)を、私たちは選ぶことができます。私自身は、なるべく「面白い！」という姿勢でいたいと思っています。数の発見の歴史をふりかえってみると、たとえそれがいままで見たものとどんなに違っていても「面白い！」という姿勢で臨む方が、良い結果につながっているように思うからです。

もちろん、新しいものが全て良いものだとは限りませんし、なんでもかんでも受け入れるべきだとも思いません。むしろ、新しいアイディアのほとんどは、そのままではうまくいかないことの方が多いものです。大切なのは、きちんと検討しないうちから偏見を持って拒否したりせずに、新しい事柄やアイディアに真っ直ぐに向き合うことではないでしょうか。そして、新

しいアイディアを提案する側も、いろいろな意見や批判をしっかりと受け止めて、わかりやすい説明に努めることが大切だと思います。

　それでもなお、自分のアイディアを否定されたり、聞く耳を持ってもらえなかったらどうしたら良いでしょうか。その点、数学という学問はとても幸せです。なぜなら、数学には他の学問とは比較にならないほど強力な論理に裏打ちされた「証明」という説得方法があるからです。たとえどんな権力者でも、ひとたび何かが証明されてしまえば、それを否定することは決してできません。ピタゴラスさんがどれほど望んでも、ヒッパソスさんの発見を取り消すことができなかったように。

　数学を勉強していると、数学はたった1つの正解しか許されず、少しの間違いも許されない「不自由な」学問という印象を持ってしまうかもしれません。しかし、論理を積み重ねて正しさを確認していくことさえできれば、たとえどんなにヘンだと思われる発見だったとしても、誰にも否定されることがないという「圧倒的な自由」が数学にはあります。そしてその発見は、はるか未来まで、永遠に人類の資産となるのです。

　数学って、ちょっと素敵かも。そんなふうにあなたが思ってくれたら、これ以上の喜びはありません。

本書に登場する数学者たち
(生没年は『岩波 世界人名大辞典』による)

◆ **ピタゴラス**(紀元前 582-紀元前 497)　ピタゴラス学派を立ち上げ、数学・音楽など多分野の発展に大きな功績を残した。数が宇宙の根本原理であることを意味する「万物は数なり」という言葉が有名。自然数の比が図形や音階の理論と深く関係していることを見出した。

◆ **ヒッパソス**(紀元前 5 世紀頃)　ピタゴラス学派に所属し、無理数を発見したと言われる。

◆ **ユークリッド(エウクレイデス)**(紀元前 3 世紀頃)　『原論』に古代ギリシャの数学の成果をまとめ、「幾何学の父」と称される。素数が無限にあることの証明や、最大公約数を効率的に求める手法も有名。「幾何学に王道なし」という言葉を残す。

◆ **ブラフマグプタ**(598-660 頃)　0 や負の数の計算規則を体系化し、二次方程式を解く一般的な方法を示した。天文学と数学を統合した著作は、その後の数学・科学の発展に深い影響を与えた。

◆ **ピエール・ド・フェルマー**(1601-1665)　法律家として働きつつ趣味で数学を研究した。数論・確率論・解析幾何学に大きな業績を残し「数論の父」と呼ばれる。没後に公開された「フェルマー予想」は、1995 年に証明されるまでの 3 世紀以上、数論の発展を牽引した。

◆ **ブレーズ・パスカル**(1623-1662)　16 歳で円錐曲線に関する「パスカルの定理」を発見したほか、物理学・哲学でも多くの業績がある。

死後に思索のメモが『パンセ』として出版。フェルマーとの共同研究により確率論の基礎を作り上げたことでも有名。

◆ **ヨハン・ハインリヒ・ランベルト**（1728-1777）　円周率が無理数であることを初めて証明した。地図のランベルト正角円錐図法を考案したことでも知られる。

◆ **カール・フリードリヒ・ガウス**（1777-1855）　数論・代数学・解析学・幾何学・物理学・天文学など多数の分野で革命的な業績を残す。複素数を平面上の点として表すガウス平面のほか、ガウス分布・ガウス積分・ガウス消去法など多数の概念・手法に名を残す。「数学は科学の女王であり、数論は数学の女王である」の言葉で有名。

◆ **ゲオルク・カントール**（1845-1918）　集合論を創始し、「無限」を数学的に取り扱うための基盤を確立した。異なる大きさの「無限」が存在することを対角線論法によって示したが、その衝撃はあまりに大きく、発表当初は激しい批判にさらされた。

◆ **アンリ・ポアンカレ**（1854-1912）　幾何学・微分方程式・力学系・数論・物理学など多くの分野で画期的な貢献をした。特にトポロジー（位相幾何学）の理論を大きく発展させたことで著名。1904 年に提出した「ポアンカレ予想」は 1 世紀を経た 2006 年に証明された。

◆ **ゴッドフレイ・ハロルド・ハーディ**（1877-1947）　解析学や解析数論に大きな業績を残した。素数の分布に関するハーディ-リトルウッド予想が有名。「インドの魔術師」の異名を持つシュリニヴァーサ・ラマヌジャンの才能を見出したことでも知られる。

読書案内

　数(すう)の物語をさらに楽しめる本を何冊かご紹介します。
　1 冊目は、『数(かず)の悪魔——算数・数学が楽しくなる 12 夜』(H. M. エンツェンスベルガー著、丘沢静也訳、晶文社)です。数学の本ですが、著者は詩人です。物語にひきこまれてページをめくるうち、いつの間にか、ふしぎな数の魅力(みりょく)にすっかりはまりこんでしまいます。私もこの本で数(すう)が好きになりました。
　2 冊目は『数学入門(上・下)』(遠山啓著、岩波新書)です。昔の本ですが、自然数(しぜんすう)とは? というところから始まり、最後は高校で学ぶ微分積分(びぶんせきぶん)までたどり着く名著です。本書と同様、好きなところから読むことができます。途中(とちゅう)でわからないところが出てきたら、思い切って飛ばしてしまいましょう。私も中学生のときに読めるところだけ面白く読みました。勉強が進むにつれて、少しずつ読めるところが増えるのも楽しみでした。
　3 冊目は、2 冊目と同じ著者の『無限と連続』(岩波新書)です。第 5 章に少し出てきた「無限(むげん)」の話がくわしく説明されています。かなり高度な内容も出てきますが、教科書ではないので、面白く読めるところだけ読んでみるのがおすすめです。

この本の執筆の機会を提供し企画を共に練り上げて下さった岩波書店編集部の皆様にこの場を借りて感謝申し上げます。また業務中に本書の執筆を行うことを快諾してくれたNTTコミュニケーション科学基礎研究所にも感謝いたします。最後に、執筆を通して筆者を励まし続け、読者として多角的な視点を提供してくれた妻みずきにも心から感謝を捧げます。

7頁「イシャンゴの骨」出典
MATEMATICA C³ ALGEBRA DOLCE 1, 1ᴬ Edizione, Matematicamente. it, 2014
http://www.matematicamente.it/staticfiles/manuali-cc/algebra1_dolce_1ed.pdf

宮﨑弘安

1988年生。数学者。NTTコミュニケーション科学基礎研究所・メディア情報研究部・基礎数学研究センタ主任研究員。理化学研究所・数理創造プログラム(iTHEMS)客員研究員。東京大学大学院数理科学研究科博士課程修了後、日本学術振興会特別研究員、理化学研究所特別研究員、パリ数理科学財団博士研究員、理化学研究所基礎科学特別研究員、同上級研究員を経て現職。中学1年生の数学のテストが全然解けずに悩んでいたが、すばらしい先生や本との出会いで数学が好きになる。数と図形の世界を行ったり来たりして、不思議な現象の根本原理を探している。

岩波ジュニアスタートブックス
数の「発見」の物語

2025年3月25日　第1刷発行

著　者　宮﨑弘安 (みやざきひろやす)

発行者　坂本政謙

発行所　株式会社　岩波書店
〒101-8002 東京都千代田区一ツ橋 2-5-5
電話案内 03-5210-4000
https://www.iwanami.co.jp/

印刷・三秀舎　製本・中永製本

Ⓒ Miyazaki Hiroyasu 2025
ISBN 978-4-00-027261-2　NDC 410　Printed in Japan

Iwanami Junior Start Books
岩波 ジュニアスタートブックス

新しい「学び」を楽しむ！

コミュニケーションの準備体操

兵藤友彦
村上慎一

「からだ」を使った演劇表現のレッスンや、自分の思いや考えを伝えるための「ことば」のエクササイズで、コミュニケーションの力を身につけよう。

分身ロボットとのつきあい方

江間有沙

障がいや不登校などで外出できない人が遠隔で操作する分身ロボット。分身ロボット OriHime を使って働く人に取材し、その可能性と未来の社会を考えます。

岩波書店
2025 年 3 月現在